带你认识
热带农产品加工

有用的趣味科普知识

周伟 袁源 主编

中国农业出版社
北京

编写委员会

主　编：周　伟　袁　源

副主编：张　利　刘义军

参　编：（按姓氏笔画排序）

　　　　王晓芳　付调坤　刘　飞

　　　　龚　霄　廖良坤

顾　问：李积华

FOREWORD
前 言

热带，地处赤道两侧，位于南纬23°26′至北纬23°26′。终年阳光直射，全年高温多雨、长夏少冬，适宜农作物生长。热带农业普遍具有作物生长季节长、种类及品种繁多、四时宜农、作物经济价值高等特点。因受社会经济、历史条件影响，热带地区除发展少数商品性热带种植园经济外，绝大部分仍以传统农业为主，部分地区尚处于原始农业形态。

热带农业是我国农业的重要组成部分，热带农业增长除了要依靠增加资本投入、提高科技含量外，还必须大力发展热带农产品加工业，发挥其辐射带动作用，更好地满足我国人民日益增长的美好生活需要。编者所在的团队多年来一直从事热带农产品加工行业，了解到业内近年来突破了不少热带农产品递进利用技术难题，在热带果蔬、热带香料、热带特色资源等加工领域形成了工艺、装备与质量控制标准等特色热带农产品加工技术体系。但普通民众并未对这些重要研究成果有所了解，普通人对热带农产品的印象仅仅停留在鲜食及一些初加工产品上，而对其功能化、精深加工产品知之甚少。因此，编者团队撰写该书，对热带农业先进加工技术集成进行科普和宣传，以图文并茂的形式展示近年热带农产品加工的最新成果。

本书的编写得到"一带一路"热带国家农业资源联合调查与开发评价（BARTP-10）、广东省热带农业先进加工技术集成科技教育基地运营建设（2019A070707018）、广东省优稀水果产业技术体系创新（2019KJ116）、广东省农产品加工共性关键技术研发创新（2019KJ117）、中国热带农业科学院热带食品精深加工创新（17CXTD-21）、中国热带农业科学院基本科研业务费专项资金（1630122019005）、海南省自然科学基金（219QN292）等项目的资金资助。

同时，本书得到了广东省微生物研究所张明博士、广东绿也生物科技有限公司黄戈及广东南派食品有限公司、中国热带农业科学院香料饮料研究所、浙江米果果生态农业集团有限公司、湛江农垦现代农业发展有限公司、湛江市永恒农业科技有限公司等个人及单位的大力支持，王佩等为本书提供了部分珍贵的图片和画作。

中国热带农业科学院农产品加工研究所、中国热带作物学会农产品加工专业委员会以及中国热带农业科学院农产品加工研究所橡胶团队赵鹏飞，食品加工团队刘洋洋、许广婷、夏文、黄晓兵、彭芍丹等及学生马真赑、王文凤、汪冲、朱晓霞、杞朝新、李微、李慈、李鹏燕、邱楚媛、赵林杰等也为本书编写提供了诸多帮助。

在此一并对以上资助项目及提供支持与帮助的单位与个人表示衷心的感谢。

书中未注明来源的图片，均由参编者袁源、张利、刘义军拍摄或提供。

由于编者水平和时间有限，同时热带农产品加工技术也在不断快速发展，虽然文稿反复修改，书中还是难免有疏漏和不当之处，恳请读者批评指正。

编　者

2019年10月于湛江

CONTENTS
目 录

三、认识新面孔：精深加工新产品

一、陌生的"老熟人"：
聊一聊热带农产品加工

（一）并不陌生的它们：地理与现状

　　热带地区太阳高度角终年很大，一年有两次太阳直射现象，因此这一地带终年处于强烈的阳光照射中，气候炎热。热带气候最显著的特点是全年气温较高，四季界限不明显，日温度变化大于年温度变化。

　　东南亚、南亚，以及南美洲的亚马孙河流域、非洲的刚果河流域及几内亚湾沿岸等地分布于热带区域。自21世纪初，我国提出发展区域性特色农业指导方针以来，特色热带果品品种选育和栽培取得了极大进展，产业发展迅速。据统计，2016年，我国热带果品总种植面积已经超过4 170万亩[*]，总产量超过3 900万吨，形成一定规模。我国热带农作物资源丰富，除著名的热带水果以外，还有一批风味、功能、经济效益显著的特色热带作物，主要分布在广西、广东、云南、海南、福建、四川、湖南和贵州等地。上述地区全年高温多雨、长夏少冬，适宜热带作物生长，是我国热带农产品的主要产地，被誉为"冬季的果盘子和菜篮子"。

　　热带农业普遍具有作物生长季节长、种类及品种繁多、富于热带特色、四时宜农、作物经济价值高等特点。但因受社会经济、历史条件、地理条件等影响，上述地区除发展少数商品性热带种植园经济外，绝大部分地区仍以传统农业为主，部分地区尚处于原始农业形态。采后处理和产后加工是农产品实现产品价值的必然途径，然而，长期以来，落后的热带农产品加工技术已成为产业发展的瓶颈，既无法阻止农产品采后的高腐烂率，

---

　　[*] 亩为非法定计量单位，1亩≈667平方米。——编者注

又无法提高其产后增值程度。其潜在效益无法转化为实际效益，打击了农民的积极性，甚至导致种植规模萎缩。

我国热带农业的种植、除草、打药、开沟施肥、成熟后采摘等作业目前仍依赖人工，劳动强度大，机械化水平较低，效率较低，与其他作物如粮、棉、油等大型产业存在较大差距，无法满足热带农业现代化发展的要求。

热带农业是我国农业的重要组成部分，热带农业的增长除了要依靠增加资本投入、提高科技水平外，还必须大力发展热带农产品加工业，发挥其辐射带动作用，不断满足我国人民日益增长的美好生活需要。

近年来，随着国家对热带农业的关心和重视、科学技术的发展以及科研人员坚持不懈的辛勤劳动，若干加工关键技术问题得到攻关和解决。然而"酒香也怕巷子深"，因缺乏有效的科普宣传推广，大众对热带农业知之甚少，社会影响有限。因此，亟须将近年热带农业加工关键技术和主要突破向社会公众进行广泛宣传、介绍、推广，最终为产业新发展、新跨越提供助力。

（二）数数身边的它们：你吃过的，你见过的

热带作物指热带地区栽培的植物，通常指在热带地区栽种的特种经济作物，如橡胶树、油料作物、香料作物、纤维作物、饮料作物、药材及热带果蔬等。油料作物有油棕、椰子、腰果、澳洲坚果等；香料作物有花椒、草果、胡椒、香茅等；纤维作物有龙舌兰科麻类、蕉麻、剑麻、菠萝（叶纤维）、甘蔗（渣纤维）等；饮料作物有茶、咖啡、可可等；药材有槟榔、砂仁、益智仁、高良姜、巴戟天、三七等；水果有香蕉、荔枝、龙眼、菠萝、芒果、火龙果、番石榴等。

1. 橡胶树与天然橡胶

天然橡胶采自植物的汁液，虽然世界上有 2 000 多种植物可生产天然橡胶，但大规模推广种植的主要是巴西橡胶树。采获的天然橡胶主要成分是顺式聚异戊二烯，天然橡胶具有弹性大、定伸强度高、抗撕裂性和耐磨性良好、易于与其他材料黏合等特点，广泛用于轮胎、胶带等橡胶制品的生产。巴西橡胶树喜高温、高湿、静风、沃土，主要种植在东南亚等低纬度地区。受自然条件制约，我国仅海南、广东、云南等地可以种植，可用种植面积约 1 500 万亩，已种植约 1 400 万亩，年产量在 60 万吨左右。采胶作业（图1-1）常在凌晨进行，随着机械化、自动化的深入发展，采胶劳动强度得到有效的缓解。

图1-1 采胶作业（赵鹏飞摄）

天然橡胶按形态可以分为两大类：固体天然橡胶（图1-2）和浓缩胶乳。在日常使用中，固体天然橡胶占绝大部分比例。天然橡胶具有优良的回弹性、绝缘性、隔水性及可塑性等特性，经过适当处理后还具有耐油、耐酸、耐碱、耐热、耐寒、耐压、耐磨等宝贵特性，因此具有广泛用途。例如日常生活中使用的雨鞋、暖水袋、松紧带；医疗卫生行业所用的外科医生手套、输血管；交通运输上使用的各种轮胎；

图1-2　固体天然橡胶

工业上使用的传送带、运输带、耐酸碱手套；农业上使用的排灌胶管、氨水袋；气象测量用的探空气球；科学试验用的密封、防震设备；国防上使用的飞机、坦克、大炮、防毒面具；甚至连火箭、人造地球卫星和宇宙飞船等高精尖科学技术产品，都离不开天然橡胶。

2. 油料作物

油料作物是食用植物油和蛋白质的重要来源，油料生产和供给与人民生活、农产品加工、畜牧养殖、粮食轮作系统密切相关，在国家经济与社会发展中占有重要地位。中国的油料作物主要包括油菜、花生、大豆、芝麻、向日葵、胡麻等，多年来，中国油菜、花生、芝麻总产量居世界首位，在国内大田作物中，油料种植面积、产量、产值和覆盖农民就业人数均仅次于水稻、小麦、玉米三大粮食作物。油菜、大豆、花生种植面积和总产量之和占油料作物的90%以上，是油料生产和消费的主体。随着热带农业的发展和榨油技术的进步，如今热带坚果作物也提供了部分高级油料来源，如橄榄、澳洲坚果、腰果（图1-3至图1-6）等。

图1-3　腰果梨
（宁波凯圣特腰果有限公司提供）

图1-4 带壳腰果

图1-5 带皮腰果

图1-6 去壳去皮腰果和腰果油

油质种子在萌发时，脂肪先水解为脂肪酸和甘油，再进一步转化为糖类，才能供胚利用。脂肪转化为糖类的过程基本上是氧化过程，在转化的各个阶段都要不断地吸收氧气。脂肪水解作用需借助于脂肪酶的活动。脂肪水解为脂肪酸和甘油后，脂肪酸可经氧化形成乙酰辅酶A进入三羧酸（TCA）循环，最终彻底氧化成二氧化碳和水，释放能量（不能形成糖），甘油小分子可以形成丙酮酸，它有可能形成葡萄糖。

3.香料作物

香料是指在常温下能发出芳香气味，具有挥发性并能用以配制香精的芬芳有机物质。植物（或作物）香料按其作用分为两类：一类是用作芬芳、美化、装饰使用的，如玫瑰精油、蔷薇精油、香橼精油，以及沉香、檀香等；另一类是用于食品中增添各种香味的。

用于食品中增添各种香味的植物香料，还可细分为两类：一类用于提香，如香草兰、薄荷、香茅、香青兰等；另一类用作烹调作料，可去腥，如丁香、胡椒、茴香、小茴香（莳萝）、香菜（胡荽、芫荽）、生姜、肉桂等。

（1）**香料之王**。胡椒（图1-7）。烹调用香料中名气最大的无疑是胡椒。胡椒为胡椒科多年生藤本植物，茎、枝无毛，节显著膨大，常生小根。花杂性，通常雌雄同株；浆果球形，无柄，花期6～10月。生长在多雨的热带地区。未成熟果实干后果皮皱缩而黑，称为"黑胡椒"；成熟果实脱去皮后色白，称为"白胡椒"。

（2）**药材烹饪两用香料**。肉桂（图1-8）。肉桂亦称玉桂、牡桂、菌桂等。樟树科热带常绿乔木，树高10余米。叶子长椭圆形，有三条叶脉，开白色小花。树皮剥下干燥后得到桂皮，桂皮是重要的药材和名贵香料。叶、枝和树皮磨碎后均可蒸制桂油，香味极为馥郁。

图1-7 胡 椒

图1-8 肉 桂

（3）**蔬菜、药材、调味多用途香料**。姜，别名生姜、白姜、川姜。姜科姜属植物，多年生草本。开黄绿色花，并有刺激性香味。供食用的部分是肥大的根茎。可一种二收，早秋收嫩姜，深秋收老姜。根茎鲜品或干品是极为重要的调味品。姜与葱、蒜并称为日常烹饪的"三大作料"。姜一般较少作为蔬菜单独食用，另外，姜还是一味重要的中药材，具有清热解毒的功效，有促生头发的作用，也是心血管系统的有益保健品。

4.纤维作物

纤维作物，是以收获纤维为主要目的的一类作物。属于这类作物的主要是棉和麻。根据纤维存在的部位不同，纤维作物可分为种子纤维作物（如棉花）、韧皮纤维作物（如大麻、黄麻、红麻、亚麻、苎麻等）、叶纤维作物（如剑麻、蕉麻等）。韧皮纤维作物多属于双子叶植物，利用麻茎的韧皮纤维。其纤维具有质地柔软、吸湿性强、散水散热快、耐腐蚀性强和耐拉力性强等特性。韧皮纤维作物作为重要的工业原料，除用于纺织业外，还可用于建材、水土保持、生物能源、生物材料和饲料等中，其特色优势日益凸显。

目前国内大面积栽培和利用的韧皮纤维作物只有苎麻、红麻和亚麻。叶纤维作物多属单子叶植物，利用麻的叶片或叶鞘的维管束纤维。我国的叶纤维作物主要有剑麻、龙舌兰麻、灰叶剑麻、番麻、狭叶番麻、假菠萝麻等。这些叶纤维质地粗硬，仅适用于制缆索，商业上称为"硬质纤维"。

随着加工副产物综合利用加工技术发展的日新月异，热带废弃纤维，如菠萝叶纤维（从菠萝叶片中提取的纤维）、甘蔗纤维（榨糖后剩余的纤维）开始在纺织、造纸等领域崭露头角。

5.饮料作物

世界上三大饮料作物是茶（图1-9）、可可和咖啡。

茶，是中华民族的举国之饮。发于神农，闻于鲁国公，兴于唐朝，盛于宋代。中国茶文化融合了中国儒、道、佛诸派思想，独成一体，是中国文化中的瑰宝。茶能消食去腻、降火明目、宁心除烦、清暑解毒、生津止渴。茶中含有的茶多酚，具有很强的抗氧化性和生理活性，是人体自由基的清除剂，可以阻断亚硝酸胺等多种致癌物质在人体内合成。茶还能吸收放射性物质，达到防辐射的效果，从而保护皮肤。用茶水洗脸，能清

图1-9 茶

除面部的油腻，收敛毛孔，减缓皮肤老化。

可可原产于南美洲热带雨林，属常绿小乔木。可可豆含40%～50%的可可脂。可可豆加工成可可粉和可可脂，主要用作饮料和制作高级巧克力糖果、糕点、冰激凌等食品，是良好的营养品。

可可从南美洲传到欧洲、亚洲和非洲的过程是曲折而漫长的。16世纪前，可可还没有被生活在亚马孙平原以外的人所知，那时它还不是可可饮料的原料。因为可可的种子（可可豆）十分稀少珍贵，所以当地人把可可的种子作为货币使用，名叫"可可呼脱力"。16世纪上半叶，可可通过中美地峡传到墨西哥，接着又传入印加帝国（如今为巴西南部的领土），很快被当地人所喜爱。他们采集野生的可可，把种仁捣碎，加工成一种名为"巧克脱里"（意为"苦水"）的饮料。16世纪中叶，欧洲人来到美洲，发现了可可并意识到这是一种宝贵的经济作物，他们在"巧克脱里"的基础上研发了可可饮料和巧克力。16世纪末，世界上第一家巧克力工厂由当时的西班牙政府建立起来，可是开始时一些贵族并不愿意接受可可做成的食物和饮料，甚至到18世纪，英国的一位贵族还把可可看作是"从南美洲来的痞子"。可可定名很晚，直到18世纪，瑞典的生物学家卡尔·冯·林奈才为它命名，种加词是"可可树"。后来，由于巧克力和可可粉在运动场上成为最重要的能量补充物，它们发挥了巨大的作用，人们便把可可树誉为"神粮树"，把可可饮料誉为"神仙饮料"（可可果和巧克力见图1-10）。

图1-10 可可果和巧克力

咖啡是世界上最流行的饮品之一，它的发现可追溯到10世纪前后，传说在非洲埃塞俄比亚高原上，有个牧羊人叫卡尔，一天他在放牧时发现山羊突然显得无比兴奋，雀跃不已。他很奇怪，后来经过细心观察，发现这些羊是吃了某种红色果实才如此兴奋。他好奇地尝了一些这种果实，发觉食用后精神振奋、疲劳感减轻，便将这种不可思议的红色果实带回家，分享给家人和朋友，这种果实的神奇效力因此流传开来了。这种红色果实的种子就是我们今天说的咖啡豆（图1-11）。

图1-11 咖啡的果实

（中国热带农业科学院香料饮料研究所提供）

咖啡原产地为非洲，为茜草科咖啡属，常绿灌木或小乔木。咖啡豆经烘炒磨碎后冲饮即成咖啡饮料，还可用其提取咖啡因作为麻醉剂、利尿剂、强心剂等。咖啡果皮和果肉可制酒、醋，花可提炼香精，用于高级化妆品。咖啡还有助消化、助减肥、抗氧化、预防眼睛干涩、缓解疼痛等多种功效。

6. 南药

热带的药材通常指南药，由于生长在不同的气候环境中，它们各自拥有不同的功效功能。

槟榔（图1-12）是四大南药（槟榔、砂仁、益智仁、巴戟天）之首。自古以来槟榔就是中国东南沿海地区人们迎宾敬客、款待亲朋的佳果，因古代敬称贵客为"宾"、为"郎"，"槟榔"的美誉由此得来。槟榔也有仁频、宾门等多种称谓。在亚洲许多地区的居民都有嚼食槟榔的习惯。槟榔含有多种人体所需的营养元素和有益物质，具有消积、化痰、疗疟、杀虫等功效，是历代医家治病的药果。槟榔可以用于治疗多种肠道寄生虫疾病，比如绦虫病、蛔

图1-12 槟 榔

虫病、片浆虫病等，是一种较好的驱虫药，可单独使用。槟榔行气消积，可以用于治疗食积气滞、脘腹胀满、大便不畅等。此外，槟榔还可以用于治疗脚气、水肿等。

高良姜（图1-13），十大广药之一，是广东徐闻地理标志保护产品，也是药物中间体皂素和高级化妆品芳香成分的主要原料来源。现代药理研究表明，高良姜有镇痛、抗菌、抗炎、抗肿瘤、抗腹泻等功效。其药用历史悠久，历代本草著作中均有记载，始载于《名医别录》，在北宋时期高良姜就是朝廷贡品，被北宋至明、清数朝几度列为官营产品，禁止商贾走私；历版《中国药典》均有收载。随着高良姜综合开发利用的不断深入，除药用外，高良姜已经被应用到食品、调味料等多个领域。

图1-13 高良姜

7. 热带水果

热带水果（图1-14）包括椰子、芒果、菠萝、荔枝、龙眼、香蕉、阳桃、枇杷、榴梿等。

早期传入中国的水果大多来自西亚（如葡萄）、中亚（如苹果）、地中海（如橄榄）、印度（如一些柑橘类）和东南亚（如椰子、香蕉），而菠萝、番石榴、草莓、苹果、榴

图1-14　热带水果

椽、葡萄柚等则是在近代由东南亚、美洲或大洋洲传入的。

（三）展望未来的它们：热带农产品加工的未来发展方向

1. 国内热带食品加工学科领域发展情况

我国适于种植热带和南亚热带作物的地区约48万平方千米，占国土面积的5%，涵盖了广东、广西、福建、云南、海南、四川、贵州以及台湾等地区。热带作物和南亚热带作物总产值约占全国农林牧渔业总产值的5%，当前热带地区农民家庭经营收入的1/3来自热带作物产业。

我国适用于种植热带作物和南亚热带作物的地区热带作物资源十分丰富，除天然橡胶外，该区域的生产对象主要包括热带果蔬（如香蕉、芒果、龙眼、荔枝、菠萝、黄秋葵等）、热带香料作物（如胡椒、香草兰、沉香等）、热带饮料作物（如咖啡、可可等）和热带特色资源作物（如药材作物高良姜、陈皮、益智仁、砂仁，以及新型特色资源作物辣木等），该区域是我国热带农业的主产区，也是我国热带食品加工产业的大本营。

（1）在热带作物加工方面，大宗作物和特色植物营养与功能的挖掘利用技术悄然兴起。热带作物包括果蔬、香辛饮料、特色作物等，其食品化加工的基础即食品所含营养素种类较多，含量较高，并且营养素的质量较高。一般认为食品的营养价值与食品的消化吸收率和利用率是成正比的，国内科学家更多关注营养质量指数（INQ），营养质量指数是指某食物中营养素能满足人体营养需要的程度（营养素密度）与该食物能满足人体能量需要的程度（能量密度）的比值。营养质量指数在食品营养评价与挖掘中的应用也较为成熟。

当前国内基于营养与功能评价的热带作物加工正朝着节能、高效、高质、功能性方向发展。

①热带水果加工。热带水果加工是热带农业的组成部分，其覆盖面广。当前我国新鲜水果腐烂损耗率达到30%，新鲜蔬菜的腐烂损耗率为40%～50%，而发达国家新鲜果蔬的平均腐烂损耗率不到7%。如今，果蔬加工方式的趋势为"高效、优质、环保"，尽管当前我国果蔬产品总量为世界第一，但大多采用干制、腌制、罐装等传统方式加工，已不能满足消费者高品质要求和企业高效益的需求。因此，一些新型的、可保持天然品质的、能赋予产品附加功能的食品加工技术应运而生，如非热带果汁加工技术、冻干技术（图1-15）、发酵技术等，给水果加工行业带来了新的产业增长点。

图1-15　水果冻干脆片

②热带特色果品油脂加工。我国在热

图1-16　不同提取工艺所得的牛油果油

（从左至右依次为乙醇浸提法产品、正己烷浸提法产品、热榨法产品、冷榨法产品、水代法产品）

带特色果品油脂加工新技术、综合利用技术、油脂安全与营养健康、新装备技术等方面做了大量研究，水代法、水酶法、低温压榨法等油脂加工商业化技术及配套设备等实现了新突破（图1-16），在油脂加工体系中，节能减排新技术，以及低溶剂消耗、低能耗、热能回收技术的应用取得了显著的效果。

③热带香辛饮料加工。国内对香辛饮料的研究，大都集中在香辛料中的植物化学物质提取，以及冷冻干燥、超微粉碎、超临界流体萃取等技术在香辛调味品加工

中的应用，主要产品还是以香辛料原料、粉末状香辛料和香辛料提取物等形式使用（图1-17），其中香辛料提取物主要有精油、油树脂等形式。

④药材产品加工。我国的热带药材产品（图1-18）加工大部分以热带地区特有的重要植物资源为开发主体，主要包括高良姜、藿香、陈皮、橘红、佛手、肉桂、八角、葛根、益智仁、砂仁、罗汉果、枳实等，其中多酚、多糖、萜类、生物碱、黄酮等活性成分的提取与功能活性研究与开发相对比较系统。

图1-17　高良姜调味料

⑤特色植物精油加工。经过几十年的发展，我国在植物精油提取方法及应用研究方面取得了长足的进步，其中揭取方法主要包括蒸馏法、溶剂提取法、压榨法、吸收法、酶提取法、微波萃取法、超声波提取法、超临界流体萃取法、分子蒸馏法和结晶法等。作为天然植物成分，植物精油在抑菌、杀虫、保鲜等领域的研究非常广泛，已经被应用于医药行业、食品保健行业中，如沉香精油（图1-19）。

图1-19 沉香精油

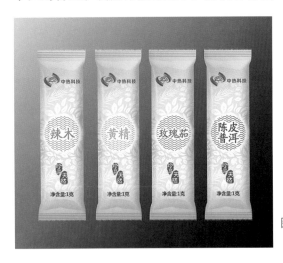

图1-18 药材精粹产品

（2）**在副产物综合利用方面，废弃物的材料化、饲料化、基质化和能源化加工利用各放异彩**。在加工副产物综合利用方向，国内加工副产物集中在废弃纤维、粕渣等，如秸秆、甘蔗渣、大豆粕、榨油粕等。副产物综合利用围绕目标原料展开的研究包括材料化、饲料化、基质化和能源化。

（3）**在食品加工机械与工厂设计方面，厂房与装备设计和制造的专用化、自动化逐步凸显**。我国热作领域内的食品加工机械，主要包括产品贮存、保鲜、加工处理及运输等机械。目前，这些机械大多具有功能多样化和产品小型化等特点，并逐步向着品种齐全、多元化经营及开创产品品牌的方向发展。

生产经营比较规模化的食品加工机械主要有甘蔗、菠萝等加工机械，这些机械均已定型，且配套性好，性能稳定，造价低于国外同类设备。

而咖啡湿法加工机械、椰子加工机械、胡椒初加工机械、腰果与澳洲坚果加工等，因作物种植规模小，且不能高度集中加工等，致使这些加工机械还未能得到大量推广与应用。

其他热带水果（如龙眼、荔枝、芒果、香蕉等）的加工、贮藏、保鲜机械，由于对水果加工工艺和机械设备的研究起步较晚，故在技术上和设备配套性等方面还有待进一步研究与开发。

2. 国际热带食品加工学科领域发展情况

（1）**热带作物加工研究注重功能和评价，技术装备研究注重减损和增效**。国际领域在食品营养评价与挖掘方面的发展较快，将食品营养活性因子与功能评价相结合，对其功能进行评价。在此基础上，国际上基于营养与功能保持的加工技术也逐渐渗透到热带作物加工的各个方面。

①生物技术、膜分离技术、高温瞬时杀菌技术、超高压技术、真空浓缩技术、微胶囊技术、微波技术、真空冷冻干燥技术及相关设备在果蔬加工领域得到了广泛应用。

②国际上对热带特色果品油脂加工的关键技术研究主要集中于油脂提取技术、油脂功能组分分析及功能性评价、生物技术在新资源中的开发、油脂安全与防控、健康效应研究及功能产品创造等领域。国际上对脂肪酸和油溶性微量伴随物质的营养与健康研究尤为关注。

③国际上对香辛饮料的深加工研究主要集中在香辛料提取物（如精油、生物碱等）、复合香辛料和微胶囊香辛料等替代香辛料原料使用，以及相关产品在肉制品、乳制品、发酵产品、日化品和药物开发等领域中的应用。

④由于药用植物种类的局限性，西方国家对药膳植物成分提取的研究相对较少，而较为侧重植物药理功效成分的研究。

⑤国外在精油提取方法研究上相对比较系统，在植物精油组成、功能评价和品质控制等方面做了大量工作，对精油在抗氧化、抑菌、抗癌、保鲜、趋避蚊虫、防治心血管疾病、抗病毒、消炎、镇痛、镇静等功能活性方面的研究较多。

（2）**可降解材料、生物能源及功能食品开发引领副产物加工方向**。国外学者以废弃纤维为主要原料，接种特殊菌丝体，制备出了可降解包装材料。相比于目前包装材料，该类包装材料成本低、抗压性能好、透气性能优，是未来包装材料的发展趋势。

能源化利用方面，美国已投入运行了木薯叶、茎制备生物质能源的中试生产线，但存在的成本问题依然明显。此外，农产品加工副产物中膳食纤维等功能因子的开发利用是国外近些年的研究重点。

（3）**食品加工机械大型化、自动化、智能化趋势明显**。当前，世界发达国家的热带作物食品加工机械已向大型化、自动化、智能化方向发展，尤其是向大型化的发展，能以低成本创造高质量的产品。因热带作物地域性强、品种多但种植规模相对较小等原因，热带作物的机械化程度仍是薄弱环节，还远不及粮油等大宗农产品的机械化程度。

3. 热带农产品加工的发展方向

（1）**以特色为依托，推动热带农产品加工业向高质量发展**。国务院印发的《健康中国行动（2019—2030年）》指出，深入开展食物（农产品、食品）营养功能评价研究，全面普及膳食营养知识，发布适合不同人群特点的膳食指南，引导居民形成科学的膳食习惯，推进健康饮食文化建设。热带农产品种类多样、营养丰富、风味独特，深受广大消费者喜爱，要做好"特"字文章，加快培育热带优势特色农业，打造高品质、有口碑的特色热带农产品"金字招牌"。

（2）**以智能为目标，推动热带农产品加工业高质量发展**。目前许多发达国家正在进行农产品加工机器人的开发研究，部分研究成果已开始在农产品加工生产中应用。正如

机器人在工业生产上可以降低生产成本和提高产品质量一样，在农产品加工生产中机器人也有同样的作用，如包装机器人已在各农产品生产线上广泛应用。然而，由于我国的自动化起步较晚，在此方面的应用研究比较匮乏。农产品加工机械从过去到现在一直在农产品加工现代化中担当主角。社会的发展对机械化农产品加工生产提出了更高的要求，其主要目的是为了实现生产的高效率和高精度，降低生产成本，节约资源，提高农产品品质和实现安全生产等。而这些发展必将在未来的机械化生产系统中起核心作用，以此继续推动和实现农产品机械自动化进程。

（3）**以科技为支撑，推动热带农产品加工业高质量发展**。通过科技的投入，引导加工业由数量增长向质量提升转变，由要素驱动向创新驱动转变，由资源环境消耗型向环境友好型转变，通过这三个转变，促进农业高质量发展。通过科技创新，攻克一批产业发展的关键共性技术难题，取得一批科技成果，加快科技成果的转化和推广，在生物技术、工程技术、信息技术、环境技术应用上集成创新，加工出营养安全、美味健康、方便实惠的食品。同时，通过科技的进步，统筹初加工、精深加工和后续副产物的综合利用加工，开发多元化产品，提高产品附加值，延长产业链，提升价值链，最大化农业经济效益。

（4）**以市场为导向，推动热带农产品加工业高质量发展**。农产品加工涉及人民关心的食品安全，是良心产业、道德产业，农产品加工发展要时刻关注消费者，对绿色、健康、美味农产品的需求，要不断满足人民群众的饮食要求。农产品从生产出来到加工企业，源头原料是农产品，要从头把关，对加工过程要进行严格的质量控制，对销售出去的产品进行严格的检测，产品要经得起追溯。未来农产品加工企业将会更加诚信守法，更加注重质量，注重产品安全。

（5）**以立农为宗旨，推动热带农产品加工业高质量发展**。农产品加工业连接工农，沟通城乡，行业覆盖面宽，产业关联度高，带动农民就业增收作用强，是产业融合的必然选择，农产品加工业已经成为农业现代化的重要标志、国民经济的重要支柱、建设健康中国保障群众营养健康的重要民生产业。推动农产品加工业发展，必须要立足其立农、为农、兴农的宗旨，不断提升农业的质量效益，增强农业的竞争力，提高农民的收入水平。未来，农产品加工业将把农业产业更多留在乡村，把就业岗位更多留给农民，把产业链增值收益留给农民，让农民能就业、有活干、有钱挣，促进农民增收。

4. 热带农产品加工的科研队伍

近年来，全国范围内涌现了多家以热带农产品加工为主要生产或研究方向的企事业单位，中国热带农业科学院农产品加工研究所（图1-20，以下简称"热科院加工所"）就是其中的一家。热科院加工所突破了一批食品梯次化利用技术难题，在热带水果、热带香料、热带特色资源等领域形成了工艺、装备与质量控制标准相配套的特色热带作物产品加工技术体系，采用多项技术填补了产业空白，在支撑热带农业转型发展和推动热带现代农业发展方面发挥了作用。

图 1-20　中国热带农业科学院农产品加工研究所

热科院加工所源于1954年在广州创立的华南热带林业科学研究所的化工部。1964年该化工部搬迁至广东省湛江市，并正式成立华南热带作物产品加工设计研究所，2003年更为现名。下设天然橡胶加工、食品科学、农产品质量与安全、农业纳米科学4个学科，承建国家能、省级、部级科技平台16个，拥有科研仪器设备原值近1.2亿元。热科院加工所先后获得科技成果180多项，获国家和省部级科技奖励近60项，其中近几年获得的国家科技进步二等奖2项，是我国热带农产品加工科技进步的重要支撑平台。

"十二五"以来，在国家、省、部委各类项目经费的支持下，热科院加工所突破加工关键技术24项，研发配套技术68项，研发产品30个系列300余种。其中，高活性蛋白酶提取技术、纤维素均相纳米化技术等处于国际领先水平；多项具有自主知识产权集成工程化生产技术填补产业空白，开发了火龙果、菠萝、腰果、玫瑰茄、辣木、高良姜、灵芝、沉香及系列植物精油、纳米纤维素、蛋白酶等产品，获国家发明专利100多项；转化一批重要技术成果，在提升热带农产品竞争力和附加值、做大做强优势特色产业方面做出贡献。其中天然植物精油提取纯化、药用级菠萝蛋白酶提取、高良姜加工、辣木加工、全自动腰果破壳、全粉固体饮料加工等多项新技术、新装备在广东、海南、福建等企业转移转化，取得良好成效。

二、开启新视野：
热带农产品加工"硬核"关键词

（一）热带果蔬加工技术

"硬核"关键词：节能、提质、易存、新用

1. 保鲜加工

保鲜的含义是保持蔬菜、水果、肉类等易腐食物的新鲜。

（1）古代贮藏保鲜技术。早在原始社会，我们的祖先就会使用地窖贮粮。后来经过发展，逐渐形成了仓储、冷藏、沙藏、涂蜡、密封、混果等贮藏保鲜技术。可以说保鲜技术的历史就是人类顺应自然、改变自然的历史。

①窖藏。窖藏是中国古代人民利用土壤的保温作用来贮藏粮食、水果和蔬菜的一种方法，在河北武安磁山新石器时代遗址中人们发现古人已经使用窖藏法保存食物。地窖有方形和圆形两种。古时圆形的地窖称为窦，方形的地窖称为窖。元代《王祯农书》称窖藏"既无风、雨、雀、鼠之耗，又无水、火、盗贼之虑"，有很多优点，因此窖藏一直是北方地区贮藏食物的重要方法。20世纪70年代，在河南洛阳发现的隋唐时期的含嘉仓，是中国古代的大型地下粮仓。水果和蔬菜的窖藏最早出现于南北朝时期，其方法类似于现在的沟藏。据北魏《齐民要术》记载，用这种方法贮藏水果和蔬菜，梨可"经夏"，葡萄可"经冬不异"，生菜经冬"鲜然与夏菜不殊"，效果相当显著。到清代，地窖的构造有了新的发展，据《豳风广义》记载，当时使用的双层窖比普通单窖具有更好的保温、保气能力，贮藏效果也更好。

②仓储。仓储是一种地面藏粮的方法。山西襄汾陶寺龙山文化遗址的大型墓中曾出

土木制的"仓形器"，说明仓储可能在原始社会晚期已出现。古代仓储的方式主要有3种：一是仓，即屋内藏粟；二是廪，即敞屋藏穗；三是庾，即露地堆谷。商代已用廪，甲骨文中有"省南廪"的记载。仓和庾的记载见于《诗经》，说明最迟在周代，仓、廪、庾的贮粮方法都已齐备。到元代，仓的建筑日益进步，上有气楼通风透气，前有檐楹阻挡风雨，内外裸露的木材全用灰泥涂饰以防火、防蠹。为了提高麦类的贮藏效果，古人还发明了麦类暴晒进仓的办法，这在汉代王充的《论衡·商虫》中有记载。

③冷藏。冷藏是一种利用冰贮藏食物的方法，该方法主要用于熟食、酒类、鲜鱼和水果的保鲜，《诗经·豳风·七月》中有"二之日凿冰冲冲，三之日纳于凌阴"的关于采集和贮藏天然冰的记载。《周礼》中有用"冰鉴"（bīng hàn）（图2-1）盛冰，贮藏膳馐和酒浆的记载，表明中国古代很早就已开始使用冷藏技术。所谓冰鉴，是指古代暑天用来盛冰，并置食物于其中的容器，是古代人民的"冰箱+空调"。宋代，人们开始利用天然冰来保藏黄花鱼，当时称之为"冰鲜"。冷藏水果出现于明代，

图2-1　冰鉴（王佩 画）

《群芳谱》称当时用冰窖贮藏的苹果，"至夏月味尤美"。与冷藏性质相近的冻藏方法出现于宋代，主要用于保藏梨、柿子之类的水果。据《文昌杂录》记载，采用冻藏法保藏的水果要"取冷水浸良久，冰皆外结"以后食用，而水果"味却如故"。

④沙藏。沙藏是一种利用沙粒保温、调气的贮藏方法。古代主要用此法贮藏板栗和茶籽，沙藏法贮藏板栗首见于《齐民要术》；沙藏法贮藏茶籽首见于唐代的《四时纂要》。在明代，板栗贮藏已使用"一层栗子一层沙"的分层贮藏法，其贮藏原理大致和现在的"层积处理"一致。

⑤涂蜡。涂蜡是一种利用涂料以防果品水分蒸发、保持果品鲜度的方法，主要用于保藏鲜果。据《五代新说》记载，隋文帝时已有以蜡涂黄柑的技术，并且该技术具有"日久犹鲜"的效果。宋代《通志》也有荔枝蜡封的记载。中国是使用涂蜡保鲜技术较早的国家。

⑥混果。混果是一种特殊的贮藏方法，主要用于贮藏鲜果，以混入其他品种的果实或种子来达到保藏目的的方法。这种方法首见于宋代《归田录》，该书中有江西吉州用绿豆贮藏金橘的记载，认为"橘性热，而豆性凉，故能耐久也"。到明代，这一方法被扩大应用于保藏柑橘类水果。此外，宋代还有用萝卜贮藏梨等方法出现，据说该法可使梨经年不烂。

⑦密封。密封法被用于贮藏鲜果，首见于宋代《格物粗谈》，是在活毛竹上挖孔，以樱桃等鲜果贮入装满后将孔封固，鲜果可至夏不变质。明代用这种方法贮藏的鲜荔枝，可贮藏至冬季甚至来年春季，荔枝的色、香不变。此外，还有用缸、瓮、罐、盆、碗等作贮器进行密封贮藏的，密封贮藏的原理与近代的气调贮藏基本一致，可说是古代中国

贮藏技术的一大创造。

（2）**现代果蔬保鲜技术**。现代果蔬保鲜技术起源于19世纪，至今经过3次革命，第一次革命是利用低温保鲜技术保鲜，第二次革命是气调保鲜冷库的发明，第三次革命是利用减压技术抑制果蔬细胞衰老来实现保鲜。我国于20世纪70年代引进气调冷库，将其用于农产品贮藏。近年来我国在气调冷库配套设备的研究、制造方面有了长足进步。

现代果蔬保鲜一般包括贮前准备、贮藏管理和出库等步骤（图2-2）。

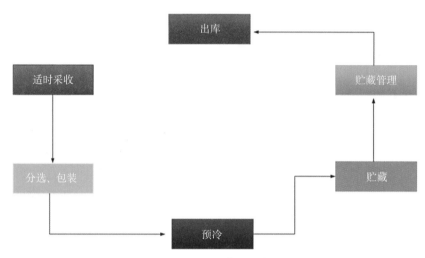

图2-2 现代果蔬保鲜流程

随着时代的进步与发展，食品的健康与安全成为人们日益关注的重点，随着现代人的生活及饮食习惯的不断改变，食品的贮藏成为食品安全的重点关注领域，人们对存留食品原有的味道和新鲜度提出更高要求，这就对以往常用的化学保鲜方法提出考验，而物理保鲜方法凭借其安全可靠、少污染、高效能的特性快速赢得市场。

现代果蔬保鲜可分为普通保鲜、恒温保鲜、低温保鲜、气调保鲜、真空保鲜、纳米保鲜、使用保鲜剂等方法。

①普通保鲜。普通保鲜指的是使用保鲜膜、保鲜袋、保鲜纸等辅助物品进行保鲜。日常生活中，保鲜膜是我们家居生活所必需的日常消耗品，我们日常所见的保鲜膜有3种材质，即PE（聚乙烯），PVC（聚氯乙烯）和PVDC（聚偏二氯乙烯）。

PE保鲜膜是超市里最常见的保鲜膜，无毒，其化学性质稳定，一般不需要添加增塑剂。适合食材的冷藏保鲜，不能用于加热。

PVC的材质本身透明性好，具有高黏性，可塑性佳。但在制作保鲜膜的过程中需要添加较多的塑化剂。PVC保鲜膜安全性较差，不能加热，不能接触带油脂的食物。

PVDC保鲜膜阻氧、阻异味效果最好，耐热温度最高，可用来微波加热。

②恒温保鲜。恒温保鲜指的是使用恒温库来保鲜，利用长时间恒定的温度可对各种蔬菜、水果进行保鲜，但由于蔬菜、水果所需要的保鲜温度不统一，所以用恒温度保鲜的产品比较单一。

③低温保鲜。低温保鲜是指对冷鲜、冷冻肉制品及海鲜、部分蔬菜进行保鲜（图2-3），但是经过低温保鲜的商品，营养成分普遍打折。

④气调保鲜。气调保鲜是目前较为先进的一种保鲜方式，利用温度、湿度、气体比例来保鲜，可用于各种食材的保鲜。目前国内普遍采用的方法有两种，一种方法是气调贮藏保鲜（CA），该法是利用设备（如冷库，见图2-4），人为地控制气调冷库环境的气体，实现食材保鲜目的；另一种方法是自发气调贮藏保鲜（MA），该法是根据食品生理特性和保鲜的需要，使食品处于适合比例气体包装中贮藏，以延长保质期。

图2-3 低温保鲜柜

图2-4 冷 库

⑤真空保鲜。真空保鲜使易腐败食物处于负氧、低氧环境中，有效减少食物氧化、变质、发霉的概率，并减少食物表面空气流动，减少水分蒸发，是几种保鲜方式中效果最佳的一种。在中国，真空保鲜正成为厨房食品保鲜方式的首选（真空保鲜食品见图2-5）。

⑥纳米保鲜。纳米保鲜技术在食品保鲜中的应用主要集中在以下3个方面：一是使用纳米TiO_2、纳米银等纳米塑料包装材料对果蔬保鲜；二是利用纳米涂膜技术对果蔬进行保鲜（草莓保鲜纳米涂膜技术见图2-6）；三是将纳米级抗菌剂、保鲜剂直接加到果蔬包装中。国内研究主要包括超声波处理与纳米包装的复合作用、纳米TiO_2和纳米银的复合应用、纳米包装技术与食品加工的联用、纳米保鲜材料的毒理学研究4个方面。虽然关于

图2-5 真空保鲜食品

图2-6 草莓保鲜纳米涂膜技术

图2-7 食品保鲜剂

纳米保鲜材料的研究还不够深入，目前相关的产品还不够多，但近几年纳米保鲜技术已经成为食品保鲜研究的热点，其应用前景十分广阔。

⑦使用食品保鲜剂。食品保鲜剂（图2-7）的使用在国内已经普遍，但因为存在化学物质残留的潜在风险，而且有些食品保鲜剂的清洗处理较复杂，此法正逐渐被淘汰。

⑧新型保鲜技术。如今，人们追求绿色无添加的食品，除上述技术以外，国内正在研究的新型保鲜技术虽还没有被广泛应用，但前景广阔。新型保鲜技术包括涂膜保鲜技术、高静压保鲜技术、臭氧保鲜技术、生物保鲜技术、辐照保鲜技术等。

A.涂膜保鲜技术。涂膜保鲜技术就是在果实表面涂上一层高分子液态膜，该膜干燥后成为均匀薄膜，阻止果实与空气进行气体交换，从而抑制果实的呼吸作用，降低物质消耗。涂膜方法主要包括浸染法、喷涂法和刷涂法。常用保鲜剂为果腊、可食用膜和纤维素膜等。相比化学试剂保藏，涂膜保鲜技术更具有安全性，而且不影响果蔬风味，更容易被消费者接受。

B.高静压保鲜技术。高静压保鲜技术是将食品原料包装后密封于高静压容器内，在一定压力下加工适当时间，杀灭细菌等微生物，同时使酶、蛋白质和淀粉等大分子改变活性、变性或糊化，以达到杀菌、钝酶和改善食品功能品质的效果。

C.臭氧保鲜技术。臭氧的氧化能力很强，可与微生物细胞中多种成分发生不可逆的反应，达到杀灭微生物的作用。

D.生物保鲜技术。目前应用较多的生物保鲜技术是酶法保鲜，其原理是利用酶的催化作用，防止或消除外界因素对食品的不良影响，从而最大限度维持食品的品质。

E.辐照保鲜技术。辐照保鲜技术利用电离辐射产生的射线及电子束对产品进行加工处理，使其中的水和其他物质发生电离，生成游离基或离子，产生杀虫、杀菌、防霉、调节生理生化等效应，从而达到保鲜的目的。

2.冷冻加工

冷冻是最古老和最常用的食品保藏方法，是一种可生产安全性高、营养价值高、感官品质好，具有方便性食品的保藏方法，被认为是延长食品贮存期极为有效的手段。

（1）**古代冷冻加工技术。**人类利用低温条件来保藏食品的方法具有悠久的历史。公元前两千多年，西亚两河流域的古代居民就已开始在坑内堆垒冰块以冷藏肉类。中国在商代（公元前17世纪初至公元前11世纪）也已懂得用冰块制冷保存食品了。《周礼》里就有有关冰鉴的记载。冰鉴箱体两侧设提环，顶上有盖板，上开双钱孔，双钱孔既是抠手，又是冷气散发口（冰鉴的外部和内部见图2-8）。冰鉴功能多用，既能保存食品，又可散发冷气，使室内凉爽。

外部   内部

图2-8　冰鉴的外部和内部（王佩 画）

1923年，来自瑞典斯德哥尔摩皇家技术学院的年轻工程师布莱顿（Brighton）和孟德斯（Mendez）利用压缩机原理，发明了电冰箱，这使得人工冷源代替了天然冷源，是现代食品冷冻技术的起源。

（2）**现代速冻加工技术**。速冻加工技术于19世纪30年代起源于美国，是一种在冷冻技术上改进的食品保鲜方法。速冻是指在 $-30℃$ 以下的低温环境中使食品在30min之内通过其最大冰晶生成带，中心温度达到 $-18℃$ ，并在 $-18℃$ 以下的低温中贮藏和流通。

速冻食品工业是当今世界发展最快的工业之一，而热带果蔬是速冻加工的主要对象（图2-9）。热带果蔬季节性明显，采后贮藏期及货架期短，运输和物流面临较大挑战，速冻加工技术的应用能较好地延长热带果蔬的货架期，降低运输成本，并能较大程度地保持果蔬原有的色泽、风味和维生素，而且速冻食品食用方便，能起到对热带果蔬市场淡

图2-9　速冻果蔬（火龙果和苦瓜）

旺季的调节作用。我国速冻食品从生产厂家至商店及家庭的冷冻链已经形成，并且在国际贸易中的份额不断增大，发展前景十分广阔。

速冻果蔬产品的品质与生产加工过程的各个环节都有直接关系，因此需要从原料质量、冻前处理、速冻工艺到冻后包装及贮运各个方面进行质量控制。1958年，美国的阿萨德等人提出了冷冻食品品质保证的时间、温度、耐藏限度的概念，即T.T.T（time-temperature-tolerance）概念；接着美国的左尔补充提出冷冻食品品质还取决于原料（product）、冻前处理和速冻加工（processing）、包装（package）等因素，即P.P.P理论，这些概念和理论对于低温食品业生产具有重要指导意义。

我国是农业大国，是全球最大的果蔬生产、输出国，果蔬资源十分丰富。据农业农村部统计，2017年我国果蔬总产值约15 000亿美元，2017年我国水果种植面积为1 536.71万公顷，约占世界水果种植总面积的18%，产量28 319万吨，占世界总产量的20%。我国柑橘、苹果、梨、桃、李子、柿子、核桃等产量均居世界第一。我国蔬菜种植面积为11 550.2万公顷，产量为56 452.2万吨，分别占世界蔬菜种植总面积的35%和总产量的49%。我国荔枝、龙眼的产量居世界第一，占全球总产量近70%，芒果的产量居世界第二，占全球总产量17%。发展果蔬尤其是热带果蔬速冻加工技术对国产果蔬的采后减损和提质增效具有重要意义。

我国于20世纪70年代初开始研究速冻蔬菜加工技术。20世纪80年代初，我国因外贸需要开始利用进口设备进行生产，随后为了解决三北地区的蔬菜供应，开始利用国产设备生产速冻蔬菜。20世纪90年代以后，我国的速冻蔬菜技术得到了迅速发展。

速冻果蔬的一般工艺流程为：原料选择—预冷—清洗—去皮、切分—烫漂—冷却—沥干—快速冻结—包装—冻藏。

解冻是速冻果蔬在食用前或进一步加工前的必经操作。对于小包装的速冻蔬菜和水果，家庭中常用结合烹调和自然条件下融化两种典型的解冻方式。解冻过程对于加工原料来说，不仅直接关系到解冻原料的组织结构，而且对加工后产品的品质和风味等都有直接影响。

速冻蔬菜的食用方法与新鲜蔬菜基本相同，可根据速冻蔬菜的品种和人们的食用习惯，对其稍加解冻即可下锅烹调。一般速冻水果解冻后即可食用，浆果类水果大多用于糕点、冰激凌、果酱或蜜饯的生产，这些水果虽然经过冷冻加工，但其品质变化不大。

3.干制加工

根据食品的水分与食品中其他组分结合能力或程度的大小，可以将食品中水的存在形式分为自由水和结合水。自由水是指在食品或原料组织细胞中能自由流动、能被微生物所利用的水，可以把这部分水与食品中非水组分的结合力视为零，其表现出的性质几乎与纯水相同。结合水是指被化学结合力或物理结合力所束缚的水，其性质显然不同于纯水，其不易流动，不能被微生物利用。热带果蔬中的自由水占总水分含量的95%以上，是干制加工时需要除去的水分。一般而言，干制品水分含量越低，对抑制微生物、延长保质期越有利。

干制是人类最早掌握的果蔬加工方法。早在史前时期，古文明发源地就已有干制果品。在公元前3000年，阿拉伯人就以棕枣干为主要食品。在我国，果蔬干制加工历史悠久，中国商代曾将干制梅果作为酸性调味品使用。北魏时期贾思勰的《齐民要术》中有关于果蔬干制方法的记载，明代李时珍的《本草纲目》中则提到了采用晒干法制作桃干，《群芳谱》一书中记有鲜枣烘干而后密封储藏的方法。日晒是古代人们最常用的干制方法，此法可极大地延长热带果蔬的保藏期限。

图2-10　果蔬干制品

热带果蔬干制是指脱除果蔬一定量的水分，将其水分含量降低到微生物难以利用的程度，同时保持热带果蔬原有风味的食品加工方法，果蔬干制品（图2-10）是水果干或蔬菜干。热带果蔬干制是一种既经济而又大众化的加工方法，其优点如下：

①干制设备可简可繁，生产技术较易掌握，生产成本比较低廉，可就地取材，当地加工。

②果蔬干制品水分含量低，货架期较长，而且体积小，重量轻，携带方便，较易运输贮藏。

③由于干制技术的提高，果蔬干制品的感官品质和营养品质均显著改进，产品食用方便。

④可以调节果蔬生产淡旺季，有利于解决果蔬周年供应问题。

根据所用热量的来源，热带果蔬的干制方法可分为自然干制和人工干制。

（1）**自然干制**。将原料进行选择分级、洗涤、切分等预处理后，利用自然环境条件如太阳辐射热、热风等使果蔬干燥，称为自然干制（图2-11）。自然干制包括晒干、风干和阴干三种方法。自然干制的优点是不需要特殊的设备、简单易行、生产成本低，干制过程中管理也比较粗放。自然干制的缺点是干燥过程比较缓慢、时间长，干燥过程不能人工控制，产品质量比较差，且受气候影响比较大。

图2-11　自然干制

随着社会的进步、科技的发展，人工干制也有了较大的发展，从技术、设备、工艺上都日趋完善。但自然干制在某些产品上仍有用武之地，特别是我国地域广，经济发展不平衡，因而自然干制在一段时期内还会在果蔬干制生产中占有重要地位。

例如在甘肃、新疆，由于气候干燥，因而葡萄干的生产采用自然干制法，所得产品不仅质量好，而且成本低。还有一些落后山区对野菜的干制至今仍使用自然干制法。

（2）**人工干制**。人工干制是人工控制干燥条件下的干燥方法，具有自然干制不可比拟的优越性，是热带果蔬干制的方向（人工干制设备见图2-12）。

热泵干燥   热风干燥

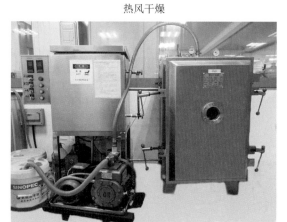

冷冻干燥   真空干燥

图2-12　人工干制设备

人工干制的方法如下：

①烘灶干燥。烘灶是最简单的人工干制设备，其形式多样，例如广东、福建烘制荔枝干的焙炉，山东干制乌枣的熏窑等。一般在地面砌灶或在地下掘坑，干制果蔬时，在灶中或坑底生火，上方架木椽，铺席箔，原料摊在席箔上干燥。通过控制火力大小来控制温度。烘灶结构简单，成本低，但生产效率低，工人劳动强度大。

②烘房干燥。烘房用数显仪表和温度控制器来控制温度，通过垂直送风和水平送风形成热风循环系统。烘房建造容易，烘房干燥生产效率高，但干燥作用不均匀，劳动强度大，工作条件差。

③隧道式干燥。隧道式干燥法的干燥室为一狭长隧道，将原料铺放在运输设备上，

通过隧道内空气对流而实现干燥。根据原料运输方向和干燥介质运动方向的异同，隧道式干燥分为逆流式、顺流式和混合流式三种形式。

④滚筒干燥。滚筒干燥法的干燥面是平滑的钢质滚筒，其内部通有热蒸气或热循环水等加热介质，原料布满于滚筒表面。滚筒转动一周，原料便可干燥，然后由刮刀刮下收集于滚筒下方的盛器中。滚筒干燥适用于干燥液态、浆状或泥状果蔬原料，如番茄汁、马铃薯片等。

⑤冷冻干燥。冷冻干燥又称为冷升华干燥。使食品在冰点以下冷冻，其中的水分变成固态冰，然后在较高真空度下使冰升华为蒸气而除去，以达到干燥的目的。

⑥远红外干燥。远红外干燥利用远红外线辐射元件产生的远红外线被加热物体所吸收，直接转变为热能而使水分得以干燥。远红外干燥具有生产效率高、节约能源、建设费用低、产品质量好等特点，因而在食品干燥中发展很快。

⑦微波干燥。微波干燥利用微波加热的方法使物料中水分得以干燥。微波干燥速度快，加热均匀，能保持物料原有的状态及营养物质。

（3）**产地干制技术。** 热带地区光照充沛，雨水丰富，果蔬种植面积大，果蔬除用于鲜食，其余大多以干制品形式进入市场。开展热带果蔬产地干制技术，可有效减少果蔬褐变现象，降低活性成分损失，保持果蔬的天然口感，有效降低加工能耗，并解决传统熏硫、晒干等技术所带来的产品质量问题。另外，针对不同果蔬品种特性，集成分段式干燥、微波联合干燥、低温干燥和使用复合护色剂等技术，形成特色的固形护色干制方法，是今后热带果蔬干制技术的重点发展方向（图2-13、图2-14）。

图2-13　高良姜干制品　　　　　　　　　图2-14　柠檬干制品

（4）**休闲食品干制技术。** 由于高油、高糖、高热量，薯片等膨化休闲食品让崇尚健康生活的人敬而远之。人们将新兴的非油炸技术联合膨化干燥、干法冷压等干燥技术，制备出了热带果蔬系列风味休闲食品。休闲食品干制技术不仅能最大限度地保留水果中的维生素、多酚等活性成分，保持果肉的色泽鲜艳，还增加了产品的酥脆口感，使产品具有易消化

图2-15 火龙果干脆片

等新特点。该技术非油炸，无需另外添加糖、盐，基本能保持水果原貌和营养，产品尤其适合老人、小孩及其他消化系统能力低下的人群食用（火龙果干脆片见图2-15）。

4. 腌制加工

腌制在中国是应用最普遍、最古老的食品加工方法。果蔬的腌制指的是利用高浓盐液或糖液、乳酸菌发酵来保藏果蔬，同时增进果蔬风味，是赋予其新鲜滋味的方法。腌制加工一般应用于新鲜蔬菜，例如发酵菜、酱菜、腌菜（图2-16）、泡菜（图2-17）、榨菜都是腌制产品。在广东、海南及东南亚等热带地区，有腌制热带水果的传统，比如腌制阳桃、青芒果、李子等。腌制水果不仅咸酸宜人、生津解渴，还能除去某些水果的苦涩味，深受当地人们欢迎。

果蔬的腌制保藏，主要是利用食盐或糖的高渗透作用、微生物的发酵作用、蛋白质的分解作用以及其他一系列的生物化学作用，抑制有害微生物的活动，从而防止食品腐败变质，保持它们的食用品质，或获得更好的感官品质，并延长食品的保质期。腌制过后，原料本身所具有的一些辛辣、苦、涩等气味消失，同时形成了各种果蔬腌制品特有的酱香、鲜香气味。这种变化主要是由于蛋白质水解以及一系列生物化学反应的作用结果。由于果蔬腌制方法简单易行，所用原料可就地取材，故在不同地区形成了许多独具风格的名特产品，如重庆涪陵榨菜、四川冬菜、江苏扬州酱萝卜干、北京八宝酱菜、贵州独山盐酸菜、四川泡菜和山西什锦酸菜等。

图2-16 腌 菜

图2-17 泡 菜

腌制这种古老的果蔬保藏方法，在民间比较普及，不同地区、不同民族都有食用腌制食品的习惯（古人腌菜见图2-18，腌菜缸见图2-19，腌菜见图2-20）。据考证，我国很早就制作和应用食盐，新石器时代已发明了陶器，公元前就掌握了制曲术，中国制作加盐的腌制品的历史甚为悠久，可能起于周代以前。古籍中的"菹"字，指将食物用刀子粗切，也指这样切过

图2-18　古人腌菜

图2-19　腌菜缸

图2-20　腌菜

后做成的酸菜、泡菜或用肉酱汁调味的蔬菜。至汉以后，"菹"字泛指加食盐、加醋、加酱制品腌制成的蔬菜。

郑玄所著的《周礼·天官·醢人》中"七菹"注："韭、菁、茆、葵、芹、箈、笋……凡醯酱所和，细切为齑，全物若䐑为菹。"《说文》中记载："菹，酢菜也。"南朝梁宗懔所著的《荆楚岁时记》中记载："仲冬之月，采撷霜芜菁、葵等杂菜，干之，并为干盐菹。"清袁枚所著的《随园食单》中记载："腌冬菜、黄芽菜，淡则味鲜，咸则味恶。然欲久放非盐不可。常腌一大坛三伏时开之，上半截虽臭烂，而下半截香美异常，色白如玉。"北魏《齐民要术》中，已记载了多种类型的腌菜和酱菜。明清两代，腌制工艺趋于完善，腌制品品种很多。

水果的糖渍，我国最初采用天然甜味料蜂蜜作为保藏剂；饴糖发明以后，人们曾用饴糖代替蜂蜜；到了唐代，蔗糖的生产逐渐普遍，其后人们一直应用蔗糖制造糖渍品。糖渍的果蔬，原叫蜜煎，后改称为蜜饯。

小贴士：

　　蔬菜在生长过程中吸收了土壤中的氮肥或氮素，会积累无毒的硝酸盐，但蔬菜的盐腌过程使得部分硝酸盐转化为有毒的亚硝酸盐。刚盐腌不久的蔬菜，亚硝酸盐含量上升，经过一段时间，亚硝酸盐含量又下降至原来水平。腌制时，盐含量越低、气温越高，亚硝酸盐含量升高越快，一般腌制5～10天，硝酸盐和亚硝酸盐含量上升达到高峰，15天后逐渐下降，21天即可无害。因此，腌制蔬菜一般应在腌制三周后食用。

　　为了降低腌制蔬菜中亚硝酸盐的含量，可在蔬菜腌制时加入维生素C片。加维生素C片的作用主要是阻断亚硝酸盐的生成，而且维生素C还能防止蔬菜生霉，减少酸败和异味。盐也要放够量，要腌透。用盐不足，细菌不能被完全抑制，会使蔬菜中的硝酸盐还原成有害的亚硝酸盐。

　　我国是世界上最大的果蔬生产国。而果蔬是季节性很强的易腐食品，收获时间集中，若不及时储藏加工极易腐烂，每年因此造成大量损失。通过加工来延长果蔬的贮藏期，调节地区余缺和季节余缺是十分重要的。果蔬腌制加工作为一种冷加工方式，在改善果蔬风味和提高果蔬的营养价值等方面体现出巨大的优越性，在我国的产业化进程中具有极大的发展前景。

　　随着现代农业的迅速发展及人们对健康食品的青睐，营养、安全的高品质腌制果蔬产品需求量日益增大。传统腌制加工生产企业亟待通过提高其生产技术水平适应新的市场大环境。相信在未来几年里，通过科研工作者的共同努力，营养功能性强又具有良好风味、口感的特色风味果蔬腌制产品将会出现在市场上。

5. 罐头加工

　　罐头食品，简称为罐头，也称为罐藏食品。罐头食品（图2-21）早已进入千家万户，为人们熟知。食品的罐藏就是将经过一定处理的食品装入镀锡薄板罐、玻璃罐或其他包装容器中，经密封杀菌，使罐内食品与外界隔绝而不再被微生物污染，同时又使罐内绝大部分微生物（即能在罐内环境生长的腐败菌和致病菌）死亡并使酶失活，从而消除引起食品腐败的主要因素，获得在室温下长期贮藏的保藏方法。

　　罐藏技术的发明者是法国人尼古拉·阿佩尔（Nicolas Appert，1749—1841年）（图2-22）。18世纪末，法国的拿破仑率军征战四方，长时间生活在船上的海员，因

图2-21　果蔬罐头

吃不上新鲜的蔬菜、水果等食品而患病，有的海员还患了严重威胁生命的坏血症。由于战线太长，大批食品运到前线后便会腐烂变质，拿破仑希望解决打仗行军时储粮的问题，于是法国政府用 12 000 法郎的巨额奖金征求一种长期贮存食品的方法，如果有人能发明防止食品变质的技术和装备，就将这笔巨款奖励给他。为了获得这笔巨额财富，当时很多人投身研究活动。经营蜜饯食品的阿佩尔用全部精力进行不断的研究和实践，经过十年的艰苦研究，终于在 1804 年获得成功。他将食品处理好，装入广口瓶内，将其全部置于沸水锅中，加热 30 ～ 60 分钟后，趁热用软木塞塞紧瓶口，再用线加固或用蜡封死。采用这种办法，食品就能较长时间保藏而且不会腐烂变质。这就是现代罐头的雏形。

阿佩尔于 1809 年向当时的法国政府提出自己的发明并获得了 12 000 法郎的奖金。阿佩尔利用获得的奖金开设了一家罐头厂，命名为"阿佩尔之家"，这是世界上第一家罐头厂。1810 年，他撰写并出版了《动物和植物的永久保存法》一书，书中提出了罐藏的基本方法：排气、密封和杀菌。

阿佩尔的玻璃罐头问世后不久，英国的杜兰德（Peter Durand）于 1810 年发明了镀锡薄板金属罐，使罐头食品得以投入手工生产（锡罐头见图 2-23）。1864 年，路易·巴斯德（Louis Paster）最早阐明了食品变败的真正原因是微生物的作用，从而解释了罐藏的机理。1873 年，巴斯德提出了加热杀菌理论。此后，罐头食品不断发展与完善，逐渐步入现代食品工业加工中。

图 2-22 尼古拉·阿佩尔（Nicolas Appert, 1749—1841 年）

图 2-23 锡罐头

罐头加工的主要工艺流程如下：原料选择—预处理—装罐—排气、密封—杀菌、冷却—保温检验—包装。

罐头的种类很多，分类的方法也各不相同，国家标准中根据原料的不同将罐头分为六大类，再将各大类按加工或调味方法的不同分成若干类。

①畜（肉）罐头。如清蒸类肉罐头、调味类肉罐头、腌制类肉罐头、烟熏类肉罐头、香肠类肉罐头、内脏类肉罐头。

②禽（肉）罐头。如白烧类禽罐头、调味类禽罐头及方便食用的去骨类禽罐头。

③水产罐头。如油浸（熏制）类水产罐头、调味类水产罐头、清蒸类水产罐头。

④水果罐头。如糖水类水果罐头、糖浆类水果罐头、果酱类水果罐头、果汁类水果罐头。

⑤蔬菜罐头。如清渍类蔬菜罐头、醋渍类蔬菜罐头、调味类蔬菜罐头、盐渍（酱渍）类蔬菜罐头；

⑥其他罐头。如坚果类罐头、汤类罐头。

如今罐头加工业长足发展与进步，罐头食品的外延与内涵也在不断扩大与改进。根据中国著名食品专家张学元的定义，罐头食品是指保藏原理为密封杀菌，达到商业无菌要求，不需要也不允许加入任何防腐剂的一类食品。所以应当进一步明确，凡食品经密封杀菌或杀菌密封（即无菌包装）达到商业无菌，能在常温下长期保存者，均应视为罐头食品，决不能只局限在传统人为划分的罐头食品范围内。

随着包装材料和包装形式的扩大，罐头食品除用马口铁罐、玻璃罐、铝合金罐包装外，还可用其他材料包装，例如用铝塑复合包装材料制成的各种软罐头食品和无菌大包装罐头食品，先经灭菌再包装制成的利乐包（如各种果汁、菜汁、果冻、沙司、蛋白饮料等），可耐热杀菌的塑料罐罐头食品，塑料肠衣制成的各种火腿肠等。

6. 果蔬汁加工

果蔬汁是由果蔬经清洗、挑选后加工制得的果蔬汁液，具有"液体果蔬"之称。以果蔬汁为基料，通过添加糖、酸、香精、色素等调制的产品，称为果蔬汁饮料。

（1）**古代果蔬汁加工技术。**果蔬汁加工具有悠久的历史。早在隋唐时期便出现了用果品或草药熬制的"饮子"及乌梅浆、葡萄浆、桃浆、蔗浆。"饮子店"遍布长安街头，

图2-24 榨汁凳（王佩 画）

喝"饮子"一度成为古人的一种潮流。元朝时期添加紫地丁露、香蕉露、蔷薇露和桑葚露等的"渴水"广为流传。在明朝以前，古人就已经发明了自己的榨汁机——榨汁凳（图2-24）。

（2）**世界果蔬汁饮料工业技术发展。**果蔬汁饮料的生产历史相对较短，1869年美国新泽西州对瓶装葡萄汁进行第一次巴氏杀菌。而苹果汁的问世，标志着小包装非发酵性纯果汁的商品生产开始了，1920年才有工业化生产苹果汁。1929年，美国佛罗里达生产出了第一罐橙汁。1960年，65%浓缩橙汁的生产规模达到35万吨。保藏技术的进步，以及浓缩果汁加工设备和技术的发展，为鲜果加工开辟了新的出路，从而促进了果蔬汁生产迅速发展，果蔬汁逐渐成为很多国家人民喜爱的饮料。

现代果蔬汁饮料工艺学的先驱者瑞士科学家Muller-Thurgau，于1896年撰写了《未发酵的无酒精水果酒和葡萄酒的制造》一书，从理论上阐述了具有高营养价值的果蔬原汁的制造工艺。20世纪30年代，果蔬原汁制造工艺的研究取得了一系列重大进展，然而在第二次世界大战期间，果蔬汁饮料工业的发展一度中断。第二次世界大战结束后，欧美国家果蔬汁饮料工业发展迅速。

（3）**我国果蔬汁饮料工业技术发展**。我国果蔬汁饮料行业起步于20世纪80年代初期，最初，水果饮料浓浆是果汁类饮料的唯一产品（果蔬汁饮料见图2-25）。在80年代末90年代初，以山楂为原料的"果茶"果肉饮料在我国的河北、天津、辽宁、河南等地迅猛发展，全国有几十家企业在生产"果茶"。90年代中期，以芒果汁为主、菠萝汁为辅的果肉饮料、混合果汁饮料在几年的时期内成为饮料的热点。作为一种天然营养饮料，果蔬汁饮料已深受国内外消费者的青睐，近年来发展迅速，逐渐成为当今饮料加工工业发展的趋势。

图2-25　果蔬汁饮料

果蔬汁饮料的优点如下：

①含有新鲜果蔬全部矿物质元素、膳食纤维及生物活性物质等。

②果蔬汁饮料在风味上和原果蔬较为接近。

③具有维持体液酸碱平衡、预防贫血和心血管疾病等诸多保健效果。

④有利于提高人体免疫力。特定的果蔬汁饮料可通过改善人体巨噬细胞及淋巴细胞的活性起到增强细胞免疫力、提高人体抵抗力的功效。

⑤除适合一般人群饮用外，果蔬汁也是很好的婴儿食品和保健食品。

小贴士：

不同种类的果蔬汁产品的营养成分差距较大。

澄清汁制品澄清透明，品质比较稳定，深受消费者喜爱，但经过各种澄清工艺处理，果蔬中的营养成分损失很大。

混浊汁制品因含有果肉微粒，在营养风味和色泽上都比澄清汁好，例如橙汁中维生素C的含量每100克超过40毫克。

根据国内外果蔬汁工业发展历史、现状与趋势，果蔬汁饮料发展可以分为果味饮料、浓缩汁、还原果蔬汁、非浓缩还原果蔬汁（not-from-concentrate，以下简称为NFC果蔬汁）四个阶段。

第一阶段：果味饮料。

果蔬汁发展的最初阶段是果味饮料。果味饮料是由糖、甜味剂、酸味剂和食用香精调制而成，其果汁成分含量很少，甚至不含果汁。

果汁饮料是在果汁或者浓缩果汁的基础上添加水、白砂糖和食品添加剂等配制而成的。按照国家规定，果汁含量至少要达到10%才可以称为果汁饮料。

不同品牌的产品配方不一样，果汁含量也不尽相同，我国果汁饮料可根据果汁浓度分为低浓度果汁饮料、混合果汁饮料、高浓度果汁饮料（表2-1）。低浓度果汁饮料通常只含5%～10%的果汁；混合果汁饮料一般由多种水果和蔬菜制成，果汁浓度通常在30%左右；高浓度果汁饮料则由100%果汁制成。

表2-1　不同果汁饮料的分类情况

分类	果汁浓度	代表果汁
低浓度果汁饮料	5%～10%	统一鲜橙多、康师傅每日C、可口可乐、乐酷儿、美汁源果粒橙等
混合果汁饮料	约30%	屈臣氏果汁先生、养生堂农夫果园等
高浓度果汁饮料	100%	汇源100%果汁等

除了从名称上辨别，还可以查看食品配料表，果汁饮料的配料表中有果汁，而果味饮料就不一定了。

介于两者之间还有一种产品叫"水果饮料"，其果汁含量为5%～10%。人们在挑选时通过食品配料表，就能找到自己想要的果蔬汁产品。

第二阶段：浓缩汁。

浓缩汁也被称为原浆，是一种高糖、高酸的果汁。它是将榨取的果蔬原汁，经浓缩以除去果蔬汁中部分水而得；浓缩倍数常为1～6，可溶性固形物是指液体或流体食品中所有溶解于水的化合物的总称，包括糖、酸、维生素、矿物质等，浓缩汁中可溶性固形物含量为40%～60%。

浓缩汁缩小了果蔬汁的体积，更便于贮藏和运输。

第三阶段：还原果蔬汁。

还原果蔬汁是在果蔬榨汁后浓缩蒸发掉一部分水分，再在浓缩果蔬汁原料中加上浓缩过程中失去的天然水分等量的水，制成具有原果蔬果肉的色泽、风味和可溶性固形物含量的制品。

还原果蔬汁虽保留了果蔬原有的部分营养风味，但由于加工过度，大多数营养物质受到不同程度的破坏。一般工艺流程为：浓缩果汁原料—果汁稀释—过滤—调配—杀菌—热灌装—倒瓶杀菌—冷却—灌装—成品。

第四阶段：NFC果蔬汁（图2-26）。

随着我国食品消费供给侧结构性改革和大健康时代的来临，普通消费者对更天然、更营养、更健康产品的需求不断增长。作为营养的重要载体，果蔬汁产业处于转型升级期，进入NFC果蔬汁时代。

所谓NFC果蔬汁，是指将新鲜水果清洗后，运用超高压技术加工，经杀菌后直接灌装（不经过浓缩及复原）得到的产品（图2-27）。该类产品较好地保留了水果原有的新鲜风味和营养成分。

图2-26　NFC果蔬汁

（图由广东南派食品有限公司拍摄提供）

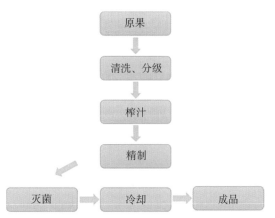

图2-27　NFC果蔬汁制作过程

NFC果蔬汁具有"最少加工""营养最大保留"等优势，营养、风味俱佳，处于果蔬汁及果蔬汁饮料营养价值结构的顶端，能够较好地满足现代人们对营养健康的追求，因此备受消费者的喜爱。

美国NFC果蔬汁的生产在过去30年一直保持着快速增长。即使是在2014年果蔬汁消费量出现整体下滑1%的情况下，美国NFC果蔬汁仍增长了4%，可见美国消费者对其需求强劲。100%果蔬汁消费结构中，NFC果蔬汁的消费量占100%果蔬汁的60%，已是市场主流饮品，并且其消费量每年依旧保持较快的增长。

我国NFC果蔬汁消费量只占了100%果蔬汁消费结构的2%，远远低于NFC果蔬汁98%的市场占比，我国NFC果蔬汁处于起步阶段，发展空间广阔。据统计，美国目前每年NFC果蔬汁人均消费量为4升。与我们饮食结构相似的日本NFC果蔬汁人均消费量也达到2.5升，而我国人均消费只有0.01升。仅以日本的人均消费量计算，我国NFC果蔬汁行业市场规模长期也有望达到千亿级，极具开发潜力。

随着科技进步，果汁产品的种类从单一的浓浆类产品逐步发展成为以山楂、芒果、菠萝为代表的果肉类饮料；蔬菜汁也随着酶法澄清、酶法液化及超滤等加工技术的开发，逐渐形成以蔬菜汁、蔬菜浓缩浆、特种蔬菜饮料为主的3类雏形产品。随着产业的不断进步，复合果蔬汁将逐渐成为主流产品。

（4）果蔬汁的新形态和新应用。果蔬汁除可加工成果蔬汁饮料外，还可充分利用其营养风味和天然色素开发出各类零副食品。例如，可将果蔬汁代替色素添加进面粉中，制备出颜色艳丽且健康安全的面疙瘩（图2-28）、蝴蝶面（图2-29）；可以龙眼、荔枝汁液为原料制作营养美味的果冻、糖果（图2-30）、饼干等食品。

图2-28　果蔬汁面疙瘩　　　　　　图2-29　果蔬汁蝴　　　　　　图2-30　荔枝果汁软糖
　　　　　　　　　　　　　　　　　　蝶面

目前，国内果蔬汁加工仍处于初级阶段，存在过度加工、高温杀菌劣变、新品开发滞后、果蔬汁掺假等问题，这些问题制约着整个行业的健康发展，但随着果蔬汁的进一步发展，果蔬汁加工行业正呈现以下新的产品趋势：

①浓缩果蔬汁体积小、重量轻，可以减少储藏、包装及运输的费用，有利于国际贸易。

②NFC果蔬汁并非用浓缩果蔬汁加水还原得出，而是把果蔬原料取汁后直接进行杀菌、包装，省却了浓缩和浓缩汁调配后的杀菌过程。

③复合果蔬汁是利用各种果蔬原料的特点，从营养、颜色和风味等方面进行综合调制，创造出的更理想的果蔬汁产品。

④果肉饮料较好地保留了水果中的膳食纤维，原料利用率较高。

7. 果蔬粉加工

我国果蔬种植总面积和总产量一直稳居世界第一。但是，由于我国果蔬损耗较大，加工量不到10%，并且我国水果的加工转换能力也低于发达国家，传统的加工方法赋予商品的附加值较低，越来越不适应现代社会市场需要，随着现代食品工业进步的需要，一种新产品形式——果蔬粉（图2-31），崭露头角。

果蔬粉是将新鲜水果、蔬菜经过冻干、喷雾等技术，经预处理、速冻、真空干燥、紫外杀菌、包装贮存等10多道工序加工而成。该加工技术能最大限度地保留果蔬中的营养成分，且对加工原料要求不高，对于果皮、果核等可食用部位能够充分利用，果蔬干制再经过超微粉碎后，其颗粒大小可以达到微米级，能使其吸收利用率显著提高，因此目前果蔬粉向超微细粉的方向发展。由于颗粒超微细化，具有较大的表面积和小尺寸效应，其物理、化学性质发生巨大变化，优点显著：一是果蔬粉的分散性、水溶性、吸附性、亲和性等物理性能提高，使用时更方便；二是营养成分更容易被消化，口感更好；三是利用了果蔬中的膳食纤维，如果将果皮、果核等一并超细粉碎，可配制和深加工成各种功能食品，开发新食材，提高了资源利用率。采用连续化冷加工技术制备果蔬粉，弥补了传统加工方式使得果蔬组分失活、色泽褐变严重等不足之处。

图2-31　果蔬粉

果蔬粉能够很好地保持原有果蔬的风味和营养成分，将它添加到产品中，可以明显改变产品的色泽、口感和风味，丰富产品种类。随着果蔬粉加工技术的成熟，未来果蔬粉将有望作为新鲜果蔬的替代品。

生活中常见的果蔬粉有火龙果粉、百香果粉、芒果粉、菠萝粉、紫薯粉、山药粉、菠菜粉、南瓜粉等。果蔬粉主要应用于代餐粉、蛋糕、冰激凌、保健品、化妆品等食品行业或化工行业。果蔬粉的应用领域如下：

（1）**果蔬代餐粉**。多年来，蔬菜滞销事件频发，大规模的蔬菜卖不掉而烂在地里的现象，严重打击了农民的生产积极性，尤其给规模较大的农民合作社和种植大户带来毁灭性打击。蔬菜主食化精深加工技术，是解决蔬菜滞销相关问题的重要出路，对蔬菜产业持续健康发展意义重大。

目前，市场上常见的蔬菜加工产品大致分为两类，即果蔬汁饮品和蔬菜粉。前者由于和水果搭配，能够获得较好的滋味和口感，市场认同度也较高，但市场容量有限；后者因单纯依靠一种或几种蔬菜简单干燥粉碎等加工制得，口感、风味难以被消费者接受，市场拓展难度大。

人们通过整合和集成蔬菜脱水技术、蔬菜粉生产技术，以及基于脱水蔬菜和蔬菜粉的菜肴产香、保香与速溶加工技术，集成方便流体菜肴加工技术等成套技术，将果蔬粉应用于代餐粉（即果蔬代餐粉），该类产品遇水迅速溶解，成为均匀流体，保留了蔬菜营养成分，且菜香浓郁、风味宜人，可与方便米饭或面食搭配，解决主食方便化生产难题，市场前景极其广阔（风味蔬菜速溶粉见图2-32，风味蔬菜汤及其泡饭见图2-33）。本品可增加人体的饱腹感，补充身体所需营养素，起到代餐的效果，并具有口感好的特点。

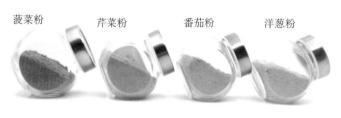

图2-32　风味蔬菜速溶粉

芹菜味　　番茄味　　洋葱味

图2-33　风味蔬菜汤及其泡饭

（2）**食品添加剂。**2016年，美国食品和药物管理局（FDA）在其官方网站上发布指南，厘清无须入市前审查和批准的色素用果蔬汁的情况和色素批准程序。在美国，所有色素在使用前必须经过FDA的批准，且符合FDA允许的使用条件、规格和限制条件。果汁和蔬菜汁在用作食品色素时，可以标注为"人造色素""添加人造色素"或"添加色素"，也可清晰地表明已经使用的色素，如"水果汁色素""蔬菜汁色素"。天然果蔬粉作为改变食品风味和颜色的添加剂越来越受到食品行业的重视，成为健康人群选择食品的重要标准。

果蔬粉产品可以根据用途不同，添加到不同工艺中以达到速溶、冷溶、不溶等效果。将五颜六色的果蔬粉添加到蛋糕、甜点、冰激凌、糖果中，天然、安全、健康，而且使产品色泽艳丽，让人食欲大增，并丰富食物的营养。例如：可将番茄粉作为膨化食品的调味料；可向面包中添加一定比例的果蔬粉，以改善其营养结构，并使面包的色、香、味更胜一筹；在婴幼儿及老年食品中添加果蔬粉，可以补充维生素和膳食纤维，以均衡膳食；果蔬粉还可应用于化妆品中，使化妆品更安全、更健康（图2-34）。

图2-34　果蔬粉作为添加剂的应用实例

（3）**果蔬茶固体饮料**。根据果蔬自身特性，如有益于减肥、降脂、舒张血管、促进消化、促进血液循环、抗氧化、抗癌等，可制成以下果蔬茶固体饮料：①富含维生素与矿物质、风味浓郁的原味果茶；②与玫瑰茄等降脂特色热带作物复配，制作成具有增强降脂减肥效果的纤体果茶；③与红茶复配，制作成具有增强消化功能的红果茶；④与其他果蔬粉复配，制作成具有增强美容养颜、滋补强身功能的复配果茶；⑤与菊花复配制作成具有增强明目、降压、止咳清火功能的花果茶。此类果茶产品冲调后色泽鲜亮、风味独特、功效突出（图2-35）。与液体饮料相比，果蔬茶固体饮料具有如下特点：重量显著减轻，体积显著变小，携带方便；风味好，速溶性好，应用范围广，饮用方便；易于保持卫生；包装简易，运输方便。

| 原味果茶 | 纤体果茶 | 红果茶 | 花果茶 | 百香果果茶 |

图2-35　系列果茶的冲调效果

目前，国外的果蔬粉加工业正向着低温及超微粉碎方向发展，基本实现了全效利用及无废弃物产生，并且所制果蔬粉的膳食纤维得以充分利用，其分散性、水溶性、吸附性、亲和性等物理性能显著提高，使用更为方便，口感更加细腻，营养更易吸收。而国内果蔬粉的生产才刚刚起步，存在以下问题：生产条件简单，产品品种少，品质粗糙，而且果蔬粉颗粒较大，使用时影响口感；果蔬粉加工大多是采用热风干燥后粉碎，出粉率低，价位偏高。虽然我国的果蔬粉生产存在很多不足，但我们应该清楚地认识到果蔬粉作为一种新型加工方式，符合"高效、优质、环保"的产业发展要求，不仅可作为新鲜水果和蔬菜的替代品，保证人体的营养需要，而且还能增加果蔬的多元化、方便化，增值幅度大，因此果蔬粉在我国极具开发潜力。

8. 发酵加工

生活中，泡菜、酸奶、果酒（酒窖见图3-36）、果醋等食品口感酸酸甜甜，可增加食欲，让人吃了还想吃，这种让普通蔬菜、水果、牛奶等变得如此美味的神奇力量就是发酵。

发酵是指人们借助微生物在有氧或无氧条件下的生命活动来制备微生物菌体本身，或者直接代谢产物或次级代谢产物的过程。通常所说的发酵，多是指生物体对于有机物的某种分解过程。

图2-36 酒 窖

（1）**古代发酵技术**。发酵是人类较早接触的一种生物化学反应，早在几千年前，我们祖先就已使用发酵技术进行酿酒（图2-37）、调味品调制，积累了丰富的发酵技术经验。先秦的《周礼天官》一书中记载有官用造酒的"酒正""酒人"等官职，说明在古代酿酒师已成为专门的职业。3 000年前，中国已有用长霉的豆腐治疗皮肤病的记载，我们今天知道，这可能是由于长霉的豆腐中存在抗生素的缘故。

图2-37 古人酿酒（王佩 画）

国外酿酒的传说可追溯到更早，相传埃及和中亚两河流域在公元前40世纪就已开始酿酒。发酵业虽然历史悠久，但在科学技术普遍受压抑的时代，长期停留在"实践—实践—实践"的基础上，只能处于低水平的应用阶段，并且人们普遍认为各种发酵产物都是自然产生的。

据记载，最早的发酵产品起源于公元前5 000年。最早的发酵食品应是酒类，通常认为是"wine"，因为大自然中具备野生果类和酵母菌，在条件适宜情况下果类即可发酵。在我国古代神话传说中亦有猿猴酿酒之说。

（2）**现代发酵工业**。"发酵"原来指的是轻度发泡或沸腾状态。英语中发酵一词"fermentation"是从拉丁语"fervere"派生而来的，原意为"翻腾"，它描述酵母作用于果汁或麦芽浸出液时的现象。发酵现象早已被人们所认识，但人们真正了解它的本质却是近200年来的事。17世纪，随着西方生产力不断提高，发酵技术得到发展。1857年，巴斯德通过著名的曲颈瓶试验，彻底否定了生命的自然发生说。在此基础上，他提出了加热灭菌法（后来被人们称为巴氏消毒法），成功地解决了当时困扰人们的牛奶、酒类易变质问题。巴斯德还研究了酒精发酵、乳酸发酵、醋酸发酵等（图2-38），并发现这些发酵过程都是由不同的发酵菌引起的，从而奠定了初步的发酵理论。

第一次世界大战时，甘油发酵实现了工业化，这被认为是当代发酵工程的雏形（图2-39）。当代发酵工程从20世纪40年代开始，在以后半个多世纪里，它经历了许多重大转折。

图2-38 巴斯德研究发酵（王佩 画）　　　　图2-39 甘油发酵装置（王佩 画）

（3）**现代发酵产品。** 发酵产品在当今市场上极受欢迎，发酵技术是处理许多作物的重要方法。我国热带果蔬品种多，发酵产品也非常多。发酵产品既可以保持原料自身的营养，又产生新的香气，是时尚的健康食品。发酵技术在各行业的应用见表2-2。

表2-2　发酵技术在各行业的应用

项目	应　用
医药工业	生产胰岛素、干扰素、生长激素、抗生素和疫苗等多种医疗保健药物
食品工业	生产含醇饮料、乳制品、调味品、添加剂
化学工业	生产氨基酸、香料、生物高分子、酶、维生素和单细胞蛋白等
农业	生产天然杀虫剂、细菌肥料、微生物除草剂、药用真菌等
环境	废弃物的处理、环境净化等

①果酒和果醋。果酒（图2-40）是指水果经破碎、压榨取汁后，果汁自身的糖被酵母菌发酵成为酒精而制成的酒。例如葡萄酒、杨梅酒、猕猴桃酒、李子酒等都是发酵果酒。

果醋（图2-41）是以水果或果品加工下脚料为主要原料，利用现代生物技术酿制而成的一种营养丰富、风味优良的酸味调味品。它兼有水果和食醋的营养保健功能，是集营养、保健、食疗等功能为一体的新型饮品。

图2-40 果 酒

图2-41 果 醋

与果酒中起发酵作用的微生物是酵母菌不同，果醋中起这类作用的微生物是醋酸菌。

果酒和果醋的发酵设备要求应能控温，易于洗涤、排污，通风换气良好。果酒发酵分为主（前）发酵和后发酵：主（前）发酵时，将果汁倒入容器，加入3%～5%的酵母，搅拌均匀，温度控制为20～28℃，发酵时间一般为3～12天。残糖量降为0.4%以下时主（前）发酵结束。后发酵开始，即将酒容器密闭并移至酒窖，在12～28℃下放置1个月左右。发酵结束后还要进行澄清等后续工序。果醋需要在果酒发酵完成后才能进行醋酸发酵。在发酵的过程中，微生物将水果中的糖分利用分解为酒精或醋酸，产生特殊香味。果酒和果醋味道宜人，具有一定的保健功能，许多家庭也能制作饮用。

目前全汁果酒、果醋酿造工艺技术尚未成熟，导致此类产品品质不稳定。未来发酵工业的发展方向是积极选育专用酿造酵母，突破酿造工艺技术瓶颈，培养专业人才，建设专业人才队伍。

果醋与果酒饮料行业都具有巨大的市场潜力。国家酒业的总体政策为"限制高度酒，鼓励发酵酒和低度酒的发展，支持水果酒和非粮食原料酒的发展"，这为果酒的发展带来契机。尽管果酒在酒类市场中属于小品种，但果酒业正欣欣向荣地朝着健康方向发展壮大。

②酵素。酵素是以新鲜的蔬菜、水果、糙米、药食同源的中药等植物为原料，经过榨汁或萃取等一系列工艺后，再添加酵母菌、乳酸菌等发酵菌株进行发酵的混合发酵液（水果酵素见图2-42）。酵素含有丰富的糖类、有机酸、矿物质、维生素、酚类、萜类等营养成分以及一些重要的酶类等生物活性物质。目前市场上酵素种类繁多，品牌达上百款，按产品形态可分为酵素液、酵素粉、酵素片剂三种类型。

图2-42 水果酵素

近年来，我国酵素产业处于快速发展阶段，酵素产品市场日趋火爆。除食用酵素外，其他种类酵素（如日化酵素、农用酵素等）也陆续进入市场。随着经济日益全球化，中国正逐渐成为世界制造业的中心，中国是世界酵素生产大国之一。

酵素可以协助人体体内的酶分解多种物质，促进新陈代谢；酵素能促进脂肪分解，消耗多余脂肪，食用酵素是一种现代流行的减肥方法。

酵素因为已完成消化步骤，因此进入肠胃更容易被身体吸收，还可以减轻身体各器官的负担。

小贴士：

　　　　自制水果酵素一般都是将水果和糖按照一定的比例放入容器内密闭发酵而成。为了考虑口感等因素，在自制酵素制作过程中会放入较多的糖，导致其含糖量一般都较高，长期饮用不仅不能起到保健作用，还会带来很多的健康隐患，同时还会滋生细菌等有害微生物，不利于人体健康。

　　　　因此，自制水果酵素具有一定的危害性。

③发酵菜。发酵菜，也称为泡菜，古称菹，是指为了长时间存放而经过发酵的蔬菜。一般来说，只要是纤维丰富的蔬菜，比如卷心菜、大白菜、红萝卜、白萝卜、大蒜、青葱、小黄瓜、洋葱、高丽菜等，都可以被制成发酵菜（辣木发酵菜产品见图2-43）。蔬菜在经过腌渍及调味后，有种特殊风味，常作为配菜食用。

世界各地都有发酵菜的影子，发酵菜的风味也因各地的做法不同而有异，其中涪陵榨菜、法国酸黄瓜、德国甜酸甘蓝，并称为世界三大发酵菜。已制作完成的发酵菜含有丰富的乳酸菌，有助于消化。制

图2-43　辣木发酵菜产品

作发酵菜的过程中应注意不能碰到自来水或油，否则易产生腐败问题。误食变质的发酵菜，容易引起食物中毒。发酵完成后通过添加各种风味的调味料调配制成的成品，风味各异，受到大众的喜爱。

发酵菜主要是靠乳酸菌发酵生成的大量乳酸来抑制腐败微生物的。发酵菜是使用低浓度的盐水，或用少量食盐来腌渍各种鲜嫩的蔬菜，经过乳酸菌发酵，制成的一种带酸味的腌制品。当乳酸含量达到一定浓度，并使产品隔绝空气，发酵菜就可以久贮。

发酵菜中的食盐含量为2%～4%，是一种低盐食品。发酵菜不但含有丰富的活性乳酸菌，还含有丰富的维生素、无机物（如钙、磷等）、矿物质以及人体所需的十余种氨

基酸。

但由于发酵菜在腌制过程中会产生亚硝酸盐，亚硝酸盐是公认的致癌物质，并且亚硝酸盐的含量与盐的浓度、温度、腌制时间等众多因素密切相关，家庭、小作坊或无严格安全检测厂商生产的发酵菜容易出现亚硝酸盐含量过高的问题。因此，人们需要购买合格厂家生产的发酵菜，健康地享用这款营养丰富的加工产品。

④果蔬发酵饮料。果蔬发酵饮料是在果蔬或果蔬汁经乳酸等益生菌发酵后制成的汁液中加入水、糖、食盐等调制而成的饮料制品。

食用富含功能性的发酵饮料正逐渐成为全球一大消费趋势之一。果蔬发酵饮料正以其营养、保健、风味独特且价格低廉的特点而受到消费者的欢迎。世界上很多国家都争相对果蔬发酵饮料进行研究和开发。在这方面走在最前面的是日本，日本已有多种果蔬发酵饮料走入市场。消费者饮用富含益生菌的果蔬发酵饮料，不仅能享受益生菌的效果，而且还能补充大量的维生素和植物纤维素，这对被三高、肥胖和心血管疾病困扰的现代人来说是个不错的选择。

近年来，人们以热带新鲜果蔬为原料，用专用益生菌发酵，制成了果蔬发酵饮料，这类饮料既保留了原料自身的风味和丰富的营养物质，又富含经过发酵产生的大量酯类等芳香物质以及乳酸、多肽、胞外多糖等多种益生物质，将果蔬和益生菌完美融合，产品的口感更加柔和、美味，营养更加丰富（几种发酵果蔬饮料见图2-44）。

发酵技术是食品工业发展不可缺少的技术，发酵技术的应用使大多数原料加工更便捷，带来更多的经济效益，推动社会发展。发酵产品是人类的福音，创新发酵技术是食品从业者不断前进的动力和重要责任。

菠萝发酵饮料　火龙果发酵饮料　芒果发酵饮料

图2-44　几种果蔬发酵饮料

9. 果蔬加工副产物综合利用

果蔬加工副产物是指在果蔬加工过程中所产生的包括果皮、果核、果渣、种子、叶、茎、花、根等在内的附带产物，如甘蔗渣、芒果果皮、菠萝刺和菠萝芯等。其主要成分有糖分、有机酸、维生素、酚类、黄酮类、蛋白质、脂肪、原果胶、纤维素、半纤维素及矿质元素等[1]。

随着人们生活水平的提高，果蔬加工业迅猛发展，果蔬加工副产物日趋增多。数据显示，仅2014年我国水果加工副产物就超过了1亿吨。大多数的果蔬加工副产物被人们当作废弃物丢弃，利用率较低，既造成了环境的严重污染，又导致了资源的浪费，影响了生态安全和可持续发展，亟待寻求这些加工副产物的合理利用途径。

---

① Santana-Méridas O，González-Coloma A，Sánchez-Vioque R. Agricultural residues as a source of bioactive natural products [J]. Phytochem Rev，2012，11（4）：447-466.

近年来，随着国家技术研发投入的增加，陆续出现利用柑橘、菠萝、芒果等果蔬加工副产物开发出来的系列精油、果胶、蛋白酶、膳食纤维、发酵制品及动物饲料副产品。农产品加工副产物资源的高值化无废弃开发已成为未来农副产品加工业的发展方向。从果蔬加工副产物的特点和现代果蔬加工技术的发展来综合考虑，果蔬加工副产物的利用途径主要包括以下几个方面：

（1）果蔬加工副产物有效成分提取。

①提取膳食纤维及果胶。膳食纤维是一种多糖，它既不能被胃肠道消化吸收，也不能产生能量。因此，它曾一度被认为是一种"无营养物质"而长期被丢弃，没有得到足够的重视。

随着营养学和相关科学的深入发展，人们逐渐发现膳食纤维具有相当重要的生理作用。膳食纤维在保持消化系统健康上扮演重要的角色，摄取足够的膳食纤维还可以预防心血管疾病、癌症、糖尿病以及其他疾病，是健康饮食不可缺少的，膳食纤维与蛋白质、脂肪、糖类、维生素、矿物质、水并列，被营养学界认定为七类营养素。

果蔬加工副产物富含丰富的膳食纤维，可用这类物质生产系列膳食纤维减肥产品。据统计，2005—2010年我国人口的肥胖率最高达到12%，虽尚低于欧美发达国家，但是我国人口的肥胖问题仍不可忽视。作为代谢紊乱性疾病，肥胖往往伴随糖代谢异常、高血压、高血脂、异位脂质沉积、脂肪肝、心血管疾病等，还伴随着患有甲状腺癌的风险，因此减肥相当必要。果蔬加工副产物因为富含纤维素，是生产系列膳食纤维减肥产品比较理想的原料。

通过果蔬超微改性技术（图2-45），以无损、高效、温和的方式有效破坏长链纤维结构，可促进果蔬加工副产物向可食化转变。超微改性后的粉体可用于开发糕点、饮料等系列产品，在拓展果蔬产品种类的同时，能推动果蔬副产物综合利用的发展。

竹笋改性前扫描电镜图　　　　竹笋改性后扫描电镜图　　　　竹笋固体饮料

图2-45　果蔬超微改性技术

根据溶解性能，膳食纤维可划分为可溶性膳食纤维和不可溶性膳食纤维。果蔬加工副产物中主要的可溶性膳食纤维是果胶。果胶是植物细胞相邻细胞壁中胶层的一种组成成分，广泛存在于植物果实、根、茎、叶组织中，具有抗菌、解毒、止血、抗辐射、降血脂等功效。目前，果蔬加工副产物的利用率较低，大多市售果胶均提取自柑橘皮，而其他诸如芒果皮、火龙果皮等富含果胶的原料均未能被较好地利用。随着人们对果胶功

能作用认知的进一步加深，果胶的提取利用逐渐受到重视，人们已开发出醇沉法、酸提法、盐析法、微波辅助法、超声波辅助提取法等多种果胶提取方法，其中以酸提法、盐析法、微波辅助法较为常用。由果蔬加工副产物中提取的果胶，除可用于增稠剂、凝胶剂和乳化剂以应用于食品加工业中外，还能作为具有调节血脂血压、防癌抗癌等作用的功能性成分应用于保健品和医药领域。

②利用纤维素。纤维素是世界上蕴藏量最丰富的天然高分子化合物，在剑麻叶、甘蔗渣、菠萝叶、玉米秸秆等中广泛存在。像甘蔗渣、菠萝叶这类副产物属于可再生资源，但对其通常的处理方式是作为废弃物被丢弃，或者干制后作为燃料燃烧处理，给环境带来了极大的负担。

事实上纤维素大有用处，是可用之材。经过化学处理或者物理处理，我们可以将其广泛用于制作面膜、橡胶及建材等多个领域。

传统的纤维素处理方式存在加工成本高、能量消耗大、产品得率低、环境污染重等问题。在这种情况下，一种基于纳米技术的木质纤维素提取技术——液态均相质构重组技术应时而生，该技术利用绿色溶剂溶解甘蔗内部木质纤维素复杂的分子结构，使其完成纳米化改性以及分子链重新自组装，可应用于面膜生产，取得了良好的经济效益、社会效益和生态效益，为富含木质纤维素类副产物的有效利用提供了新方法（甘蔗渣纳米纤维素和剑麻纳米纤维素见图2-46，几种物质的纳米纤维素扫描电镜图与透射电镜图见图2-47）。

图2-46　甘蔗渣纳米纤维素和剑麻纳米纤维素

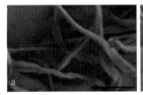

扫描电镜图

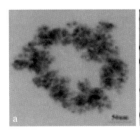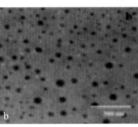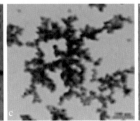

透射电镜图

图2-47　几种物质的纳米纤维素扫描电镜图与透射电镜图
a.棉花　b.桉树　c.甘蔗渣　d.剑麻

菠萝叶纤维是一种吸湿性强、导热性好，且具有杀菌、除异味和驱螨性能的天然纤维，对其精细化加工后可制造出功能优异的纺织品。菠萝收果后，每亩可用于提取纤维的叶片有5～10吨，如果全部利用，全国年产菠萝叶纤维约7.5万吨，超过剑麻和大麻，与亚麻相当，可开发出菠萝叶原纤维（图2-48）、菠萝叶工艺纤维（图2-49）、菠萝叶纤维纱线（图2-50），以及袜子、T恤、毛巾、衣物、凉席、鞋垫等菠萝叶纤维功能性纺织品（图2-51）。

图2-48　菠萝叶原纤维

图2-49　菠萝叶工艺纤维

图2-50　菠萝叶纤维纱线

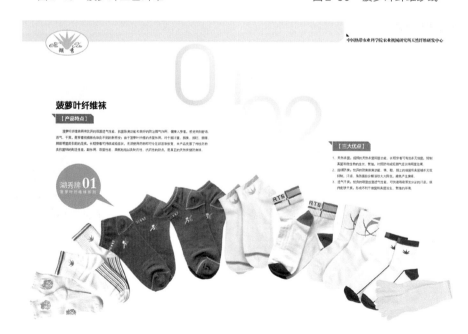

图2-51　菠萝叶纤维功能性纺织品

利用菠萝叶纤维开发的各类功能性纺织品的优点见表2-3。

表2-3　利用菠萝叶纤维开发的各类功能性纺织品的优点

类　型	优　点	类　型	优　点
袜子	具有超强防臭、干爽透气、防治脚气的功能	内裤	易洗，快干，吸湿性和透气性好
T恤	透气、不黏身，可快速吸收、挥发汗液与热量，减少异常体味	凉席	抗菌防螨、清爽舒适，减少有害微生物对人体的侵害，有助于睡眠
毛巾	能快速吸附皮肤表面的油脂和水分，给人清爽的感觉	鞋垫	干爽透气，抗菌防臭

同时，提取纤维后的菠萝叶渣含有丰富的营养和有机质，是饲料、沼气和有机肥的优质原料，既减少环境污染，又拉长产业链条，增加产业效益。

③提取油脂。果蔬副产物中的油脂可按其提取部位划分为水果皮精油、果肉（汁）油以及种子油。其中，最具代表性的水果皮精油是柑橘皮精油，该种精粹存在于柑橘外皮中，世界年产量高达4万吨左右，是目前产量最大的天然香精油，可广泛应用于调味剂、饮料、食品、化妆品、烟酒制品、肥皂、医药制品及杀虫剂的生产[1]。柑橘皮精油的化学成分复杂，其中相对含量最多的是苧烯，因其去污能力极强，具有"超级清洁剂"之称，因此被广泛应用于电子工业和航空工业的清洁，同时它也可合成高级有机化合物。

玫瑰精油天然纯净，香味清淡怡人，含有大量的玫瑰鲜花挥发性芳香成分，不仅可开发为面膜、护肤水等日化产品，还可通过温控萃取浓缩结合低温薄膜干燥工艺浓缩成玫瑰花精粹，长期饮用可起到补血养气、滋养容颜的作用。

牛油果油是天然化妆品的优质原料，含有大量的不饱和脂肪酸和丰富的维生素（特别是维生素E）。牛油果油对紫外线还有较强的吸收力，是护肤、防晒、保健化妆品的优质原料[2]。

澳洲坚果油含有85%的单不饱和脂肪酸，且不含有胆固醇，富含维生素B_1、维生素B_2和矿质营养，可作为理想的沙拉调味品及食物烹调品，长期食用还可降低血液中的胆固醇含量，预防冠状动脉疾病。澳洲坚果油还含有丰富的棕榈油酸，易被干性皮肤吸收且不留油渍，可添加在日常护肤用品中，长期使用能有效淡化皮肤细纹、延缓衰老，适合开发润肤霜、唇膏、面膜等系列产品（图2-52）。

油脂的提取方法有以下5种：蒸馏法、冷榨法、浸提法、吸附法和超临界流体萃取法。其中，采用超临界流体萃取法提取的油脂往往因萃取条件温和而具有较高的品质。

④提取生物活性成分。果蔬加工后的副产物中含有蛋白酶、花青素、黄酮类、多酚类、维生素、有机酸等许多未得到更好利用的生物活性成分。随着科学的发展和科技手

---

① 李巧巧,雷激,唐洁,等.柑橘精油的抑菌性及D-柠檬烯在面包中的初步应用研究[J].食品工业,2012(1):21-23.

② 黄林华,吴厚玖.我国水果副产物综合利用的研究及应用[J].食品安全质量检测学报,2015(11):4446-4452.

图2-52 澳洲坚果油润肤霜、唇膏、面膜等系列产品

段的进步，这些副产物中的有益生物活性成分逐渐揭开了神秘的面纱。

以菠萝蛋白酶（图2-53）为例，它是从菠萝植株中提取出的一类蛋白水解酶的总称，

图2-53 菠萝蛋白酶

主要存在于菠萝茎、皮渣和刺中。Marcano于1891年研究发现菠萝汁中含有蛋白酶。随后，人们对菠萝蛋白酶展开了一系列的研究，发现其在医药和化工领域有很好的利用价值。1957年Heinecke等从菠萝茎中提取得到蛋白质水解酶，从而使菠萝蛋白酶实现商品化生产。当下，菠萝蛋白酶已广泛应用于食品、日化用品及医药行业中，用于啤酒、酸豆乳、明胶、鱼露、嫩肤美白去斑日化用品等的生产，以及加速纤维蛋白原的分解、增进药物吸收、抑制肿瘤细胞的生长等方面。

当菠萝蛋白酶活性超过120万U/克时，可作为药物吸收促进剂，药物吸收促进剂在医药行业具有广阔的应用前景，在国际市场上供不应求，但目前国内对于该产品的生产技术较为缺乏，产品主要依赖进口。近年来出现的新技术以亲核吸附技术为核心，集中了高活性菠萝蛋白酶，酶活达到了300万U/克。

用菠萝皮分离纯化菠萝蛋白酶，不仅可以充分利用资源，拓展菠萝蛋白酶的获取途径和应用空间，还可降低菠萝加工废料对环境的污染。随着市场对菠萝加工产品需求量的增大，对于菠萝皮的研究与利用就显得尤为重要。

（2）果蔬加工副产物的生物质转化。从果蔬加工副产物中提取功能性成分成本较高，而且会留下大量残渣造成污染，因而制约了其在工业上的大规模生产，而直接将其作为饲料又有可能不利于动物的消化吸收。若将其进行生物转化发酵生产饲料、肥料、燃料、有机酸、酶制剂等以提高其利用价值，不仅可减少巨大的资源浪费，而且能为发展水果产业另辟蹊径[1][2]。

---

① Stabnikova O. Biotransformation of vegetable and fruit processing wastes into yeast biomass enriched with selenium [J]. Bioresour Technol, 2005, 96(6): 747-751.

② 顾采琴, 陈婉玲, 郑志茂, 等. 菠萝皮渣半固态法酿醋工艺[J]. 食品科学, 2010(16): 56-60.

①发酵果酒或果醋。果蔬加工副产物中含有大量未被利用的营养物质及风味物质，可利用酵母、醋酸菌等微生物发酵成果酒或果醋产品。以菠萝罐头为例，其加工过程中大约只利用了40%的果肉，剩下的不规则碎果肉、果芯、果眼以及菠萝在削皮、修整、切片时产生的自流汁高达50%～60%。事实上，菠萝皮渣仍然含有丰富的营养物质，菠萝皮渣中粗蛋白和灰分的含量分别是果肉的2.5和3.0倍。此外，菠萝加工副产物中还含有菠萝蛋白酶、维生素、果糖等可溶性营养成分。向菠萝加工副产物中加入特定酵母，低温发酵陈酿后可获得醇厚丰满、果香馥郁的菠萝皮渣果酒（图2-54）；经固、液态联合发酵陈酿可研制出风味独特、营养丰富的菠萝皮渣制成的果醋（图2-55），既保留菠萝的原本风味，又提高了产品中的多种有机酸和人体必需氨基酸含量，长期饮用能促进新陈代谢，消除疲劳，调节酸碱平衡。

图2-54 菠萝皮渣制成的果酒

图2-55 菠萝皮渣果醋

②生产柠檬酸、酶制剂。果蔬皮渣中含有丰富的柠檬酸及各种酶类。作为一种重要的有机酸原料，柠檬酸在食品、医药、精细化工等领域中均有重要应用，且市场需求量日益增大。当下，国内柠檬酸的生产主要以薯干和玉米为原料，成本相对较高。若以菠萝、柑橘等水果榨汁后的废渣为主要原料发酵生产柠檬酸，在充分利用果渣资源的同时，还为柠檬酸的低成本生产寻求了新方法。同样，以果蔬废弃物为原料，利用微生物发酵可降低生产各种酶制剂的成本，同时达到变废为宝、保护环境、资源高效利用的目的。

③高附加值发酵饲料。果蔬加工过程中会产生大量皮渣废弃物，以果蔬加工副产物（主要是皮和渣）为主要原料，辅以麸皮、干酒糟、豆粕等，优选植物乳杆菌、枯草芽孢杆菌、地衣芽孢杆菌和酿酒酵母等组成的复合菌种发酵而成的高蛋白畜禽饲料的果蔬皮渣饲料生产技术，所得产品具有适口性好、营养效价高、抗病能力强、成本低廉等特点。目前，已开发的产品主要有菠萝皮渣发酵猪饲料（图2-56）、牛饲料和鸡饲料等。

利用菠萝叶渣营养丰富、适口性好、容易消化的特性，可直接饲喂家禽、牲畜，也可将其作为微贮或青贮饲料。饲喂奶牛，可以提高奶牛的产奶量和牛乳品质；饲喂瘦肉猪，可以提升猪的肌内脂肪含量，增加猪肉嫩度，提高肉质风味（菠萝叶渣饲料化、能源化、肥料化利用见图2-57）。

④生产生物质燃料。在工业飞速发展的今天，人们对能源的需求量越来越大。传统的煤、石油等化石能源量越来越紧缺，人类正面临着前所未有的能源危机。然而有很多未被我们充分利用的资源，它们就是可再生的生物质资源。果蔬加工中的副产物就是我们还未能充分利用的重要生物质资源之一，将它们进行微生物发酵，可以生产生物质燃料乙醇，不仅安全有效，而且可再生。

图2-56　菠萝皮渣发酵猪饲料

图2-57　菠萝叶渣饲料化、能源化、肥料化利用

芒果皮渣在微生物和酶类的作用下可生产燃料乙醇，并获得糖蜜和饲料。通过厌氧发酵技术，将菠萝叶渣消化分解为沼气，产生清洁能源，用于燃烧或者发电。菠萝叶渣发酵产气速率快，气量足，在常温下批量发酵，每克干物质可生产沼气0.364升。

⑤生物肥料。生物肥料是既含有作物所需的营养元素，又含有微生物的制品。它可以代替化肥，提供农作物生长发育所需的多种营养元素。化肥大量应用对于人类而言利弊并存，为兴利除弊，科学家提出了"生态农业"，逐步实现在农田里少使用或不使用化肥，而使用有机生物肥料。

菠萝叶渣直接堆沤即可生产有机生物肥料，此法简单实用，肥效好，肥料易于作物吸收。使用菠萝叶渣有机生物肥料种植蔬菜，蔬菜的产量提高6%以上，收获时间提前2～3天。

目前对果蔬加工副产物的利用很少，主要将其用作动物饲料或直接填埋，对果蔬加工副产物进行深度加工的少之又少。这些副产物中含有大量的有益成分，如果胶、膳食纤维等，因此对果蔬加工副产物的深度利用，无论是从对资源充分利用的角度，还是从环保的角度来说，都是十分必要的。从果蔬加工副产物的特点和现代果蔬加工技术的发展来综合考虑，果蔬加工副产物的利用将具有下述发展趋势。

A.果蔬加工副产物向工业产品转化循环利用。果蔬加工副产物的利用途径将得到进一步扩展，向工业产品转化，实现循环利用发展。玉米芯、菜叶、菜帮、等外果、残次果、蔗渣等果蔬加工副产物将被制作成酒精、饲料、肥料、微生物菌、草毯等工业制品，起到综合利用、转化增值、治理环境的作用。

B.果蔬加工副产物高值利用。开发利用稻壳、麸皮胚芽、油料饼粕、薯渣薯液、果皮果渣等加工副产物丰富的营养成分，将其用于生产食品、提取营养物质及活性物质、饲料、肥料和其他精深加工产品。建立副产物收集、处理和运输的绿色通道，实现加工副产物的有效供应和加工。例如，可以利用某些果蔬加工副产物特殊的香味来制作精油、调味料、日化产品；利用椰子壳、澳洲坚果壳等制造食品医药等行业广泛应用的活性炭。

C.果蔬加工副产物梯次利用。随着科技的发展，高新技术在果蔬加工副产物处理中的应用范围将大幅度扩大，果蔬加工副产物的加工利用将日趋梯次化与智能化，果蔬加工副产物可被充分地，最大化地利用，实现加工企业的清洁化生产（未来果蔬加工副产物综合利用发展趋势见图2-58）。

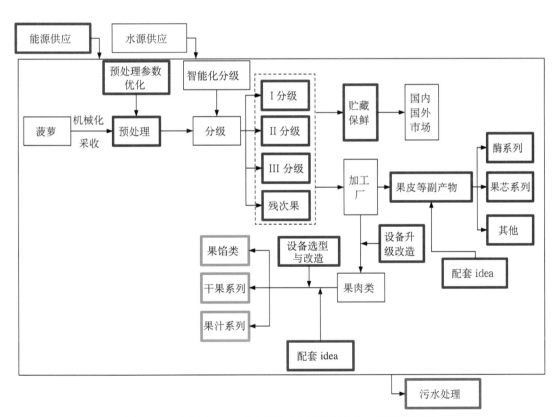

图2-58　未来果蔬加工副产物综合利用发展趋势（以菠萝为例）

（二）热带香料加工技术

"硬核"关键词：高效、品质、功能、稳定

1. 香料产地加工与初加工

香料，也被称作香原料，是一种能被嗅出气味或品出香味的物质，是调制香精的原料（几种香料作物见图2-59）。

互叶白千层　　　　　　　　高良姜　　　　　　　　香草兰

图2-59　几种香料作物

香料可以分为天然香料和人造香料，其中天然香料包括动物性天然香料和植物性天然香料两大类；人造香料包括单离香料和合成香料。

香料的发现和使用与人类文明的发展和进步如影随形。从胡椒、豆蔻、玫瑰、鸢尾到麝香、龙涎香，种类繁多的植物香料与动物香料在带给人们物质享受与精神愉悦的同时，更激发了人类的贪欲，甚至引起战争。公元408年，西哥特人要求罗马人奉上胡椒和金银，以作为对罗马城解围的前提条件。在《香料传奇　一部由诱惑衍生的历史》一书中，作者杰克·特纳指出，"稍微夸张一点儿说，葡萄牙、英国、荷兰在亚洲的领地就是由寻找桂皮、丁香、胡椒、肉豆蔻仁和肉豆蔻皮等开始形成的"。香料不仅仅是调味品，还有着匪夷所思的传奇历史——从哥伦布的环球航行，到近代的跨国贸易；从古罗马皇帝的宝物礼单，到可口可乐的秘密配方；从教堂，到卧室。香料无时无处不在发挥着它那神奇而巨大的作用。

（1）**古代香料发展**。自古以来，香料与人类的生活息息相关，或作为不可或缺的食物调料，或作为供奉神灵的圣物，或作为治病驱邪的灵药，或作为修身养性的雅物。

人们对香料的追逐，远不止因为它的烹饪价值或者药用价值。人们迷恋香料特殊的香气，并将其与宗教结合，赋予了香料许多神话般的色彩。战争因香料而起，帝国因香料而衰败。香料的历史，充满了奇异色彩。

在我国，香料的使用最早可追溯到五千多年前的黄帝神农时期。那时的人已经开始采集植物作为医药用品来驱疫避秽，或者将植物的花、果实、树脂等芳香物质作为祭品奉献给神灵，以达到完美的宗教境界。

在先秦古籍《诗经》《楚辞》《尔雅》和诸子著作中都有使用芳香植物的记载，其中《楚辞》记载得最多。《楚辞》的作者佩香、饰香、赠香，运用"美人香草"作比拟，对高洁情操进行了赞美。

历史上著名的"石崇与王恺比富"的故事，也与香料有关，西晋石崇为了炫耀自己的富有，甚至连厕所里面也"常有十余婢侍列，皆丽服藻饰，置甲煎粉、沉香汁之属，无不毕备。又与新衣著令出，客多羞不能如厕"（刘义庆《世说新语》）。

后来，香料又逐渐被用于饮食、装饰和美容上。据文献记载，夏商周三代就有制作、使用香粉胭脂的传统，如"纣烧铅锡作粉""胭脂起于纣"等。

美食可用香料增香去膻。在明朝之前，以花椒、姜、茱萸为代表的"三香"，是餐饮调味的重要原料。花椒是"三香"之首。过年时饮用花椒和侧柏叶炮制的椒柏酒，是古人必不可少的习俗。据统计，古代食品中，22%的菜需要花椒提味。在唐朝，菜肴使用花椒的比例，提高到37%。

世界上其他地区使用香料的历史也有数千年。埃及皇帝晏乃斯（公元前3500年）的陵墓中发掘出的油膏缸内的膏质仍有香气，似是树脂或香膏。据记载，公元前14世纪的埃及人在沐浴时已使用香油或香膏，他们认为这样做有益于肌肤。公元7世纪，埃及文化流传到希腊、罗马后，香料成为贵重物品，风靡贵族阶级，欧洲为了从世界各地寻求香料及辛香料，推动了远洋航海的发展（图2-60），促进了新大陆的发现，香料对人类交通史大有贡献。

图2-60 欧洲寻求香料推动远洋航海的发展（王佩 画）

《圣经·旧约》埃及记第30章有"请你取用香料，即苏合香、没药、枫子香、纯乳香，各种香料必须重量相同，然后按照制造香料的技术制造熏香"的记载。在同一章中还有关于制造香油的记载，所用原料有液体没药、肉桂、桂枝和橄榄油。

由于草根树皮不便处理和运输，花类也无法四季供应，而人们对香料的需求量却不断增加，因此到中世纪时，阿拉伯人开始经营香料业，并用蒸馏法从花中提油，较著名的是玫瑰油和玫瑰水，这是香料加工业的开端。1370年，最古老的香水"匈牙利水"问世，这也是用乙醇提取芳香物质的最早尝试。开始时，香水可能只是从迷迭香一个品种蒸馏所制得，其后则使用熏衣草和甘牛至等。这时的调香技术已比之前大为进步。1708年，著名的古龙水问世了，它原本的制作目的是用于消毒杀菌，由于它带有令人感兴趣的柑橘香气和药草香，很快被用作漱口用水，这种香型流行极广，迅速普及世界各地，至今仍然风行不衰。

进入19世纪后，随着有机化学、合成香料工业的迅速发展，许多新的香料相继问世，最早制造合成的香料是在1834年人工合成的硝基苯。不久人们发现了冬青油的主要成分是水杨酸甲酯，苦杏仁油的主要成分是苯甲醛，人们用化学方法合成了这些香料。1868年人们合成了干草的香气成分香豆素，1893年人们合成了紫罗兰的香气成分紫罗兰酮，这些化合物作为重要的合成香料陆续进入市场，开启了现代香料工业。

（2）**现代香料工业**。香料几乎在世界各地都有分布，但由于纬度、海拔、气候、降水等自然条件的不同，每个地方的香料品种、数量及生长状况和所含物质都不尽相同，差异较大。我们所使用的香料，除了国内的几大香料产区外，部分来源于国外。印度、越南、泰国、印度尼西亚、马来西亚等热带地区盛产香木，如檀香、沉香等；法国南方、西班牙等南欧地区盛产熏衣草、玫瑰等香草、香花制成的精油；喜马拉雅山等高山地区生长着特有的香料植物等。世界各地不同的香料增添了香料的丰富性与独特性。

香料应用前的处理方法不同会对香料的品质有较大影响，其中对香料影响最大的就是产地加工与采收后的粗加工。香料类的作物对产地环境的要求较高，主要的高品质香料产地一般相对较为偏僻闭塞，距离主要的香料处理工业园区较远。如果香料采收后不进行产地加工和粗加工，在较远距离的运输过程中会有部分品质损耗，并使其运输成本提高，所以产地加工和粗加工在香料的产业链中占据了一个较为重要的地位。

产地加工产物大概分为以下几类：

①整取物。整取物是指如芝麻、香叶、罗汉果及香茅等直接用于食品或药品中的相对性状较为完整、没有太大形态改变的一类香料，其产地加工就只包括采收后的粗挑选、去除田间热及晾晒干燥脱水。

②粗改物。粗改物是指如甘草、桂皮、香草兰及陈皮等只需要使用物理方法改变其形态的一类香料，其产地加工包括采收后的粗挑选、去除田间热及晾晒干燥脱水，通过粗加工（如切段，平整等）工艺（图2-61、图2-62），使其方便运输。

③粉碎物。粉碎物是指如肉蔻粉、草果粉、灵芝粉、花椒粉（图2-63）、胡椒粉（图2-64）八角粉等需要在干燥后粉碎的一类香料，其产地加工包括采收后的粗挑选，去除田间热，然后干燥（烘干、晒干），采用粉碎工艺（如破碎，超微粉碎等）制粉。

图 2-61　香草兰粗改物

图 2-62　高良姜粗改物

图 2-63　花椒粉

图 2-64　胡椒粉

④提取物。提取物是指如茉莉浸膏、玫瑰纯露、沉香精油及藿香酊剂等由各种工艺萃取而成的香料提取物，其产地加工包括采收后的粗挑选、去除田间热、干燥、粗提取（如蒸馏法提取纯露和精油，萃取法获得浸膏和酊剂等）。

归根结底，产地加工和粗加工是为了该产业链的健康快速发展，增加生产方的科技含量和利润，减少运输的成本和损耗，节省深加工的时间和成本，提高消费者生活的方便性和质量。

2. 植物精油与纯露提取技术

精油又称为挥发性油，植物中的香脂腺（不同植物的香脂腺分布有区别，可分布于花瓣、叶子、根、茎或树干中）能产出精油，精油是由一些相对分子质量较小、植物体内产生的次生代谢产物组成的相对复杂体系，是由植物体在其体内产生的重要的生物活性成分，具有一定的芳香气味，多数状态下为油状液体。

纯露是精油提取过程中的副产物，是分离出来的100%的饱和液体。纯露成分天然，香气清幽，含大量芳香物质（大约300余种），包括醇、醛、酸、酯、醚以及芳香族化合物等，成分复杂。

（1）**传统提取技术**。

①水蒸气蒸馏法。在植物性天然香料的提取工业中，水蒸气蒸馏法（图2-65）是应

用最广泛的技术，其操作简单、成本低、产量大，目前我国绝大多数香料植物都是通过该方法制取精油。

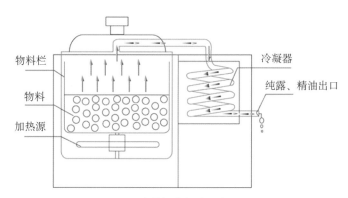

图2-65　水蒸气蒸馏法工作原理

　　将植物含有芳香物质的部分（如花朵、叶片、木屑、树脂、根皮等）放入一个大容器（蒸馏器）中，在容器底部加热或通入蒸汽。当炙热的蒸汽充满容器时，植物内存在的芳香精油成分会随着水蒸气蒸发，并且随着水蒸气一起进入上方的管，最后被引入冷凝器内。冷凝器是一个螺旋形的管子，周围环绕着冷水，以使蒸汽冷却转化为油水混合液，然后流入油水分离器。比水轻的油会浮在水面，比水重的油就会沉在水底，剩下的水就是纯露。通过分液工艺进一步把精油和纯露分开，分别存放和使用（图2-66）。

　　水蒸气蒸馏设备图2-67最大的缺点在于提取时间较长，温度较高，系统开放，容易造成部分易氧化、易分解的成分被破坏，且许多高沸点的物质不易被蒸出，影响收率。

图2-66　几种植物精油产品

图2-67　水蒸气蒸馏设备

　　②压榨法。压榨法是通过机械冷榨的方式从植物果皮中提取成分，提取成分再经离心机分离，即可获得纯度较高的产品。

　　压榨法最大的优点是在常温下即可进行，保证了精油中萜烯类化合物的结构不被破坏，从而获得质量较好的芳香油。目前我国企业在生产中主要采用螺旋压榨法和整果冷磨法两种。

③吸附法。吸附法利用某些动物油（如猪油、牛油）或橄榄油、麻油等植物油作溶剂，从植物花、叶中制取浸膏。该法能够保证植物芳香成分不被破坏，产品香气极佳。

吸附法的原理与浸提法类似，二者不同之处在于吸附法采用非挥发性溶剂或利用某些固体吸附剂吸收香气物质，能够富集、固定某种特定成分。

吸附法的缺点在于只能提取低沸点物质，高沸点的组分一般产率较低。鲜花中较易挥发的香气成分宜采用吸收法进行收集，但由于其操作步骤烦琐、生产周期较长且产率不高等因素，目前应用并不多。

④浸提法。浸提法通过浸泡的方式，使植物中的芳香物质溶解到易挥发的有机溶剂中，再通过蒸馏去除溶剂，获得精油。

浸提法的优点是在室温或低温下即可进行提取，保证了易挥发性组分的质量。工业上主要有固定浸提法、搅拌浸提法、转动浸提法和逆流浸提法4种。

我国目前应用较广的是转动浸提法，其他几种方法对设备要求较高，成本也较高，并未实现大规模生产。

⑤新型提取方法。

A.超临界CO_2萃取法。超临界流体萃取技术是20世纪80年代发展起来的一种新型分离技术，在有机化合物分离提纯中扮演着重要角色。

CO_2具有无毒、无臭等特点，且价廉易得，其临界压力为7.28兆帕，最重要的是其临界温度在31℃左右，采用超临界CO_2萃取法有效避免了因温度过高导致的化合物分解，特别适合用于树脂和热敏性植物香料的萃取（超临界CO_2萃取法提取植物精油产品见图2-68）。

通过该方法所得产物能够保留住较多的含氧化合物和少量的单萜烯，产品底香较好，香气持久。

图2-68　超临界CO_2萃取法提取植物精油产品

超临界CO_2萃取法具有成本低、无污染、实验条件温和且工艺简单等特点，在植物性天然香料提取中具有重要意义，该方法的缺点是操作过程需要在高压下进行，设备投资与操作费用较高。

B.亚临界流体萃取法。亚临界流体萃取法是选用亚临界流体作为萃取溶剂，在密闭、加压状态下，控制装置内的温度和压力，使溶剂与原料充分接触，萃取一定时间后，原料中的有效成分溶解在萃取溶剂中，最后通过减压蒸馏将溶剂与产物分离。

亚临界流体萃取法的优点是成本要求、技术要求都低于超临界萃取法，此法的效果与超临界萃取法相差较小，且亚临界条件较容易达到。此法的缺点是一旦出现不规范操作，就容易造成较严重的事故，有较大的安全隐患。

C.分子蒸馏法。大多数天然香料都属于热敏性物质，在高温下蒸馏会导致许多副反应（如热解反应、聚合反应）的发生，造成产品损失。

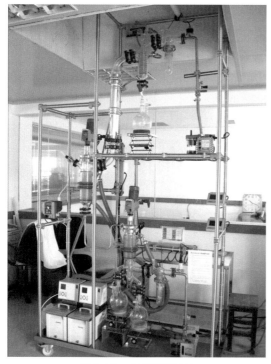

图2-69　分子蒸馏设备

分子蒸馏法较好地克服了这一障碍，通过减压的方式来降低产品沸点，分离过程无沸腾、鼓泡等现象，蒸馏前后组分性质几乎不受影响，可将芳香油中的某一主要成分进行浓缩，并除去异臭和带色杂质，提高其纯度，特别适用于高沸点、易氧化和热敏性强的产物的分离（分子蒸馏设备见图2-69）。

D.微波辅助萃取法。微波是一种波长短、频率高的电磁波。微波辅助萃取法通过辐射作用使植物某些组织或细胞破裂，从而释放出具有香料性质的物质，再利用有机溶剂将其提取，进而达到从植物组织中提取香料的目的。

由于植物组织中不同组分对微波吸收能力不同，因此加热效应表现出很好的选择性。被提取的物质与溶剂在微波作用下能够发生剧烈共振，因此该方法具有快速、节能、污染小的特点，对某些香料如乙酸芳樟酯和芳樟醇的提取具有重要意义。

E.超声波萃取法。超声波是指频率大于20 000赫兹的机械波。通过超声波辐射产生的空化、扰动等多级效应，使得某些组织或细胞迅速破裂从而有效成分被萃取剂捕获的方法称为超声波萃取法。该方法与传统的萃取法相比，具有快速、成本低、效率高等优点。

F.生物法。植物细胞壁对细胞结构具有保护作用，而芳香成分大多数存在于细胞质中，这便加大了芳香物质的提取难度。

纤维素酶的研究，对破坏细胞壁结构从而更好地释放香料成分具有重要意义，酶法提取不仅避免了高温条件和副反应的发生，而且提取时间短，成本低，工艺操作简单。

近年来生物工程领域快速发展，除酶工程外，对植物组织与细胞培养、利用微生物生产香料等的研究也对香料提取技术做出巨大贡献。

3.植物精油改性技术

植物精油是萃取于植物体内不同组织的具有一定特殊香味的挥发性油状液体的次级代谢物质，其主要成分为单萜、倍半萜烯、醇类、酚类、醛类、酮类等。

植物精油多为几乎不溶于水的液体，在常温下不稳定、易挥发，且有强烈的特殊气味。因此，为了提高精油的利用率及稳定性，需要通过包埋技术将其液态转化为固态，以方便其在各生产行业中的应用。

植物精油的包埋方法通常采用微胶囊技术。所谓微胶囊技术，就是将固相、液相或气相物质包埋在某些壁材中，使被包埋的物质与外界环境隔绝，并尽可能保持其原来的生理活性及营养的新型技术。植物精油的包埋工艺主要有喷雾干燥法、复凝聚法、锐孔法、饱和水溶液法和界面聚合法等。

（1）**喷雾干燥法**。喷雾干燥法是一种应用较早且实用的植物精油包埋方法，是目前工业化生产中最常用的微胶囊制备技术，此法将芯材物质均匀分散在壁材溶液中，然后经均质乳化处理后形成水包油型乳液，再利用喷雾装置把液体分散成细小液滴，喷到惰性热气流中以雾化混合液。壁材溶液中的溶剂在高温空气流下迅速蒸发而收缩成球状，然后干燥即可得到固体粉末胶囊。

喷雾干燥法的主要优点是工艺简单，生产能力大，成本低，易于大规模工业化生产；其缺点是包埋率低，设备造价高，能耗大，芯材可能在壁材外面，影响质量（喷雾干燥塔见图2-70）。

图2-70　喷雾干燥塔

（2）**复凝聚法**。复凝聚法是利用带相反电荷的两种高分子材料以粒子间的相互交联作用形成复合型壁材微胶囊，再经过加热或去溶剂等步骤进一步固化的技术，此法适用于对非水溶性的固体粉末或液体进行包囊，操作简单且效率较高。

复凝聚法使用广泛的壁材有明胶、阿拉胶、壳聚糖及海藻酸钠等。复凝聚法由于操作成本高、流程复杂，限制了其在精油包埋工业中的应用。

（3）**锐孔法**。锐孔法即锐孔－凝固浴法，该法先将聚合物溶解成溶液后用锐孔装置将芯材加到聚合物溶液中，当微胶囊壁膜固化时，聚合物迅速沉淀析出并形成壁膜。

此方法操作简单，不使用有机溶剂，无须高速搅拌便可得到微胶囊，可使用能溶于水或有机溶剂的聚合物。

（4）**饱和水溶液法**。饱和水溶液法是将壁材制成饱和水溶液，加入芯材，水不溶性芯材可乳化后加入，搅拌混合物使沉淀析出，经过滤、洗涤和干燥制取微胶囊的方法。

该方法常用的壁材是 β - 环糊精，要注意控制壁材和芯材的浓度以避免二者单独析出，因此常在溶液中加入少量的聚乙烯吡咯烷酮（PVP）、聚乙二醇（PEG）等物质以增加包埋作用，稳定包埋物。

（5）**界面聚合法**。界面聚合法也称为界面缩聚法，是将两种发生聚合反应的单体分别溶于水和有机溶剂中，其中芯材溶解于处于分散相的溶剂中，然后将两种液体加入乳化剂以形成乳液，两种反应单体分别从两相内部液滴界面移动，并在相界面上发生反应，生成聚合物将芯材包埋形成微胶囊的方法。此方法可使疏水性材料和亲水性材料的溶液微胶囊化，可生成出植物精油微胶囊产品（图2-71）。

微胶囊的优势如下：

酒香微胶囊　　　　咖啡香微胶囊　　　　甜橙精油微胶囊　　　熏衣草精油微胶囊

图2-71　植物精油微胶囊产品

①微胶囊选用壳材料更适于进一步的表面修饰、提高包封率、改变分布状态及靶向性。

②壳材料主要为可生物降解的高分子物质，使得微胶囊材料生物相容性好，能够在体内降解，并且毒副作用小。

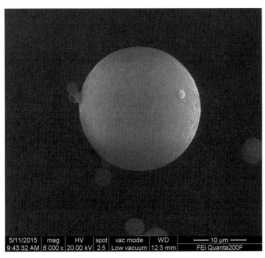

图2-72　微胶囊的电镜扫描图

③微胶囊粒径为1 ~ 1 000纳米（图2-72），更易于分散于水溶液中，形成清亮透明的胶体溶液。微胶囊稳定性良好，更适于应用加工与储藏运输。

④微胶囊可以改变包埋物质的质量、体积、色泽、形状等，可掩盖或降低原有的不良气味。

⑤微胶囊的结构特性使得被包埋的物质与外界隔离，使微胶囊免受或减小外界紫外线、氧气、光、温度、湿度、pH等因素的影响，对高敏物质起到保护作用，保护药物的生物活性。

⑥微胶囊的用途广泛，可制成释放颗粒，可延缓体内物质成分对药物的破坏，对药物起到保护作用进而延长药物疗效。

香料及其衍生物胶囊化的主要作用是：隔绝香料及其衍生物，减缓香气成分挥发，避免香料及其衍生物变质。将液体香料及其衍生物做成粉末状香料及其衍生物微胶囊，适用性更广泛。脂肪类替代品可使用双重乳状液的香料及其衍生物微胶囊。随着香料及其衍生物微胶囊制备技术的发展与应用，香料及其衍生物微胶囊的形态、应用范围也不断拓宽。

4.香料食品化加工技术

香料是在常温下能挥发出独特香味的一种物质，它能散发出香味，并可用于食品、化妆品中。香料包括可用于制成香包的植物（如沉香、丁香等）、可直接食用的辛香植物（如姜、薄荷等），以及晒干的调味料（如豆蔻、胡椒、花椒等）。香料的使用无处不在。

中国香料历史源远流长，可追溯到黄帝神农时代，据考证那时人们已经开始将树皮、草根作为医药用品。中药中使用香料的历史最为长久，《神农本草经》中就有香料的记载，明朝李时珍编写的《本草纲目》中的"芳香篇"论述了香料在中药中的各种作用。

如今，随着现代化生产技术的推进，香料的应用更为广泛。食品原料在加工过程中形成的香味难以满足人们的要求，这种情况极大地刺激了食品香料的发展。

（1）**调味品**。调味品是指能增加菜肴的色、香、味，促进食欲，有益于人体健康的辅助食品。它的主要功能是提高菜品质量，满足消费者的感官需要，从而促进食欲。食用香料在调味品中充当了一个重要角色，一些食品本身营养价值较高，但有奇怪的味道，如果在食品加工过程中添加可以改善或者去除异味的香料，就会提升食品的价值。除了掩饰或者矫味，食用香料更多地是从感官上刺激人们的食欲。

香料在食品工业中的地位不可替代，在中国，越来越多的香料被用于食品加工过程中，由于全国各地地域和气候有差异，而热带气候独特，热带适合香料作物的生长，且香料的种类繁多，如热带作物香料肉豆蔻、肉桂（图2-73）、花椒（图2-74）、胡椒（图2-75）、姜等被大量地使用于比较流行的火锅材料和煲汤材料中。

图2-73 肉 桂

图2-74 花 椒

图2-75 胡 椒

（2）**速溶茶**。热带香料种类多、活性强，许多香料也是药食同源的食物，但其功能活性的组分在加工过程中易氧化和分解，导致终产品功效降低，因此热带香料可食化精深加工的整体发展受到阻碍。

近年来，随着科技的发展，形成了集成温度控制提取浓缩、快速溶解分散、香气控制释放、天然提取物调味、低温干燥等方法的生产技术，用此技术可生产速溶茶。该技术根据原料特性差异，采用不同的工艺参数，有效保留物料本身的香气和活性成分，制备的速溶茶产品在冷热水中皆可快速溶解。这类产品便携，量小，方便饮用，符合现代人快速的生活节奏（陈皮速溶茶见图2-76，沉香速溶茶见图2-77）。

图2-76　陈皮速溶茶

图2-77　沉香速溶茶

（3）**压片糖和软糖**。许多食品香料是药食同源的食物，可直接食用，且具有一定的保健功效。活性成分为固态时保存时间最长，根据不同活性成分的特点，针对不同的受众人群，可设计不同的产品形式。压片糖和软糖是较常见的加工产品。

压片糖又称为粉糖或片糖，以原料干粉或者原料提取物干膏为主体，添加可食用淀粉、糊精作为填充料，为增加新鲜口味还可增加奶粉，以淀粉浆、糖浆、胶体溶液等为黏合剂，根据受众人群的不同，添加糖粉或者其他非糖甜味剂，偶尔添加食用色素，经制粒压片成型。还可以根据活性成分和产品需求添加泡腾混合物，制成泡腾片，由于这种技术无须加热熬煮，因此被称为冷加工工艺。这种技术不仅适合于提取物可完全溶于水的物料，也适合于直接磨成细粉的物料（高良姜咀嚼片见图2-78）。

软糖（图2-79）是一种柔软、有弹性和韧性的功能性糖果，是以明胶、糖浆等原料为主，经多个工序操作，构成具有不同形状、质构和香味的固体糖果。软糖外形精美而且耐保藏，具有弹性和咀嚼感，有透明的和半透明的。软糖的含水量较高，一般为10%～20%。其外形随成型模具工艺不同分为长方形或不规则形。软糖受众大多为低龄人群，功能性软糖以理气、助消化的产品为主。

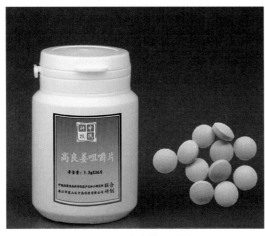

图2-78　高良姜咀嚼片

图2-79　软　糖

（4）**蜜饯**。蜜饯又称为果脯，是指用糖、蜂蜜或者其他材料腌制、浸渍某些香料作物后加工而成的食品，此类产品可作为休闲零食直接食用。香料作物一般都具有理气和中、调节肠胃的作用，所制得的零食一般都具有开胃消食的作用（百香果蜜饯见图2-80，糖渍砂仁见图2-81）。

图2-80　百香果蜜饯　　　　　　　　　　　　　图2-81　糖渍砂仁

此外，近年来的研究表明，许多香料（如花椒、肉桂等）具有杀菌抗氧化的作用，可在食品中承担防腐剂或抗氧化剂的角色。还有一些香料（如大蒜、生姜等）具有消脂减肥的作用，其提取物已经在一些瘦身产品中得到应用。

香料植物不仅可以使食物变得更美味，而且还含有丰富的蛋白质、氨基酸、糖、淀粉、纤维素和矿物质等多种营养物质，能够补充人体所需营养物质，具有良好的保健功能。天然香料产品及其加工技术的开发应用是必然的趋势，尤其是热带香料作物产品的开发应用前景广阔。

5. 香文化及香料日化产品开发技术

纵观世界香料的发展历史，香料的使用由来已久。从古代天然香料发现使用，到现在香料完全进入人们生活（如个人清洁用品、护肤品、彩妆和香水等），可见香料在人们日常生活中的重要性。

伴随科技的进步、社会的发展，香料以各种形式展现在人们面前。随着人们生活品质的提升，简单的香料已经不能满足人们日益增长的对美好生活的需求，香料在日化产品中有更大的发展空间。

（1）**古代香文化**。香文化，就是中华民族在长期的历史进程中，围绕各种香品的制作、炮制、配伍与使用而逐步形成的能够体现中华精神气质、民族传统、美学观念、价值观念、思维模式与世界观独特性的一系列物品、技术、方法、习惯、制度与观念。

我国香文化历史悠久。据史料记载，早在春秋战国时期人们就开始使用植物香料，那时人们对香木、香草已经十分熟悉，开发出许多香料使用方法，如熏烧（如蕙草、艾蒿）、佩带（香囊、香花、香草）、煮汤（泽兰）、熬膏（兰膏）、入酒等方法。《诗经》

《尚书》《礼记》《周礼》《左传》《山海经》等典籍中都有很多相关记述。

秦汉时，随着国家的统一、疆域的扩大，南方湿热地区出产的香料逐渐进入中土。随着"陆上丝绸之路"和"海上丝绸之路"的活跃，东南亚、南亚及欧洲的许多香料也传入了中国。沉香、苏合香、鸡舌香等在汉代已成为王公贵族的炉中佳品。道家思想在汉代的盛行以及佛教的传入，也在一定程度上推动了这一时期香文化的发展。长沙马王堆汉墓出土的陶制熏炉和熏烧的香草，证实了在当时的贵族阶层中，熏香行为已经普遍。

魏晋南北朝时期，人们对各种香料的作用和特点有了较深入的研究，并广泛利用多种香料的配伍、调和、制造出很多特有的香气，出现了"香方"的概念。"香方"的种类丰富，并且人们研制出了许多专用于治病的药香。

唐朝经济繁荣时期，对外贸易及国内贸易空前繁荣。西域的大批香料通过横跨亚洲腹地的丝绸之路源源不断地被运抵中国。社会的富庶和香料总量的增长，为香文化的全面发展创造了极为有利的条件。在唐代，大批文人、药师、医师及佛家、道家人士的参与，使人们对香料的研究和利用进入了一个精细化、系统化的阶段。人们对各种香料的产地、性能、炮制、作用、配伍等都有专门的研究，香的配方更是层出不穷。

在这个时期，人们对香的用途也有了完备、细致的分类：会客用的香，卧室用的香，修炼用的香各不相同；佛家有佛家的香，道家有道家的香，不同的修炼法门又有不同的香……可以说在唐代已是"专香专用"，香文化进入鼎盛时期。

宋代之后，不仅佛家、道家、儒家提倡用香，而且香也成为普通百姓日常生活中一个必不可少的物品。从宋代的史书到明清小说的描述我们可看到，宋代之后的香与人们生活的关系已十分密切。这个时期，合香的配方种类不断增加，制作工艺更加精良，而且在香品造型上也更加丰富多彩，有香饼、香丸、线香等。

小贴士：

"一炷香"这个时间概念起源于僧人打坐。僧人以香的燃烧为计时方法，如僧人"打禅七"时一天要打11炷香的时间。那时的香皆为手工制作，且有标准，一炷香燃尽为半个时辰，即一个小时。

到明朝时，线香已被广泛使用，并且形成了成熟的线香制作技术。李时珍的《本草纲目》中也有很多关于熏香与香料的内容，例如："乳香、安息香、樟木并烧烟熏之，可治卒厥""沉香、蜜香、檀香、降真香、苏合香、安息香、樟脑、皂荚等并烧之可辟瘟疫"。

（2）**现代时期的香文化。**古代的香，都是天然香料，而现代以来，化学香精已成为制香的主要原料。由于化学工业的发展，在19世纪后半期，欧洲就已出现了人工合成香料（即化学香精）。这些人工合成香精不仅能大致模拟出绝大多数香料的味道，而且原料（如石油、煤焦油等）易得，成本价格极其低廉，并能轻易地产生非常浓郁的香味，所以它很快就取代了天然香料，成为现代工业生产中的主要添香剂，在制香行业中同样如此。

采用化学香精制作的香品价格低廉，以至于如今我们在市场上能见到的绝大多数香品都是这类化学香精香品。很多名为檀香、沉香的香品，其实只是使用了有"檀香味"或"沉香味"的化学香精。

化学香精与天然香料相比，虽然香味相似，甚至香气更浓，但就香味品质及安神养生、启迪灵性的功能而言，两者却不可相提并论。很多天然香料被列为上品药材，而作为化学产品的合成香料虽初闻也芳香四溢，但多用却对人体健康有害。即使单就气味而言，化学香精也只是接近而远远不能与天然香料相媲美。

随着人们物质与精神生活水平的提高，越来越多的人喜欢品香、用香，并对香的品质有了更高的要求；同时也有更多爱香、懂香的人开始致力于对传统香文化的继承与弘扬。伴随社会经济文化的进一步繁荣昌盛，中国香文化也必将焕发出蓬勃的生机，在这个伟大的时代中，展露出美妙夺人的千年神韵。

（3）**线香加工**。线香即无竹芯的香，也被称为直条香、草香，早在宋明时期就已经出现，因线香燃烧时间比较长，所以又被称为"仙香""长寿香"。线香的制香原料一般包括骨料、黏结料、香料等。古人常以线香的长度作为时间计量的单位，因此线香也被称为"香寸"。

骨料是线香的主体，要求没有异味，以木粉最为常见；传统黏结料是榆树皮粉，用其将骨料黏结在一起，使做出来的香结实、有弹性并且不易折断；线香制作中所用的香料是天然香料，如沉香（沉香线香产品见图2-82）等，也可以用含有多种中药成分的香辛料（如八角、茴香等）制作线香。

图2-82　沉香线香产品

以澳洲茶树香为例，用其制作线香的流程为：选料—打粉—筛粉—调香—制香—理香—晒香—收香（图2-83）。

用澳洲茶树香制作线香的具体步骤（图2-83）如下：

①打粉。将热带芳香类植物互叶白千层的枝叶打磨成粉末状。

②调香。由专业的香道师，凭借几十年的制香经验，精心调制出澳洲茶树香粉。

③制香。制香的过程是由制香机来完成的。现行的制香机主要由传动机构、挤压头、挤压腔（料槽）和模具组成，将拌好的料放入挤压腔内，由挤压头向下挤压，受压后的料由模具孔中挤出，即变成了所需的形状。

④理香。理香要用到香罗。香罗一般是由木条做成一个长方形的边框，上面绷上纱布。香罗用来存放香条，便于晾晒、烘干。当挤出的香条长度达到香罗的长度时，将香条刮到香罗上，这就是接香。此时香罗上的香条并不规则，有断条，长短不齐，需人工整理。最后香条成一层，整整齐齐地排放在香罗上，截成需要的长度。

⑤晒香。制香师把制作好的香排放在晾香板架上，放在阴凉通风处风干。

⑥收香。制香师将晒好的线香细心检查，保证成品质量，通过专业质检的就是合格产品。

打　粉

调香和制香

理香和晒香

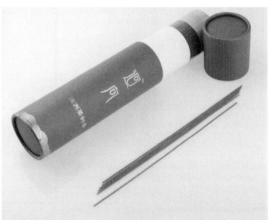
收　香

图2-83　用澳洲茶树香制作线香

（图由广东绿也生物科技有限公司黄戊提供）

（4）**洗护用品添香加工**。随着现代日用化工业的迅猛发展，各种带有香味的产品被推向市场，产品的原料增多，其附加值也越来越高，这都离不开一个重要角色——香料。随着人们物质和文化生活水平的普遍提高，人们对日化产品的需求越来越大，质量要求越来越高，香料日化产品技术有着十分广阔的前景。

洗护用品是人们日常护理必备用品，常见的洗护用品有沐浴露、洗发水、洗手液、牙膏、漱口水、洗面奶、手工皂、护发素等，简单洗护用品可以加入不同的香料，这样可以增加人们使用洗护用品时的舒适感，而且由于天然香料具有许多功能活性，可以帮助改善皮肤状态，因此可进一步提升产品的价值。

①沐浴露。沐浴露也称为沐浴液、沐浴乳。沐浴露是指主要以表面活性剂为主，加入滋润剂、保湿剂、清凉止痒的添加剂而制成的洁身护肤的黏稠状液体。

随着近年来社会大众对健康的关注越来越高，许多化学试剂正逐步被天然产物所替代。例如选择具有抑菌杀菌功效的天然植物精油作为沐浴露的添加剂，可以深层清洁和吸附肌肤污垢，抑制细菌滋生，杀菌抗炎，安抚干燥肌肤或瘙痒肌肤，增强皮肤的新陈代谢和抵抗力，预防毛囊炎，改善因空气闷热潮湿、体表干燥、夜汗多引起的瘙痒。沐浴露中添加具有滋润作用的天然植物精油，可以舒缓肌肤张力、淡化细纹、增强肌肤弹性，使全身肌肤得到放松和滋润，保持肌肤柔嫩光滑。

沐浴露的制备工艺：首先将各种表面活性剂混合，在搅拌条件下加热至65～70℃，另将去离子水加热至约70℃，将其与表面活性剂混合均匀后，加入润滑剂、保湿剂、增稠剂，然后用柠檬酸或乳酸调节体系的pH，降温至约50℃时加入香精或天然香料，温度降至常温即得（天然植物精油沐浴露产品见图2-84）。

②洗发水。洗发水是指清洗和调理头发的化妆品，其英文名称为shampoo，音译为香波。液体香波也就是洗发水，它是以各种表面活性剂和添加剂复配而成的。

图2-84 天然植物精油沐浴露产品

洗发水的制备工艺：洗发水的制备工艺与其他产品（如乳液类制品）相比，是比较简单的，其制备过程以混合为主，设备一般仅需要带加热或冷却夹套的搅拌反应锅。由于洗发水的主要原料大多是极易产生大量泡沫的表面活性剂，因此在其制备过程中，应避免过多的空气被带入，避免大量气泡产生。

③洗手液。洗手液是一种以清洁手部为主的护肤清洁化妆品，也是代替肥皂或香皂的新型洗手产品。其组成成分主要有表面活性剂、滋润剂、保湿剂、抑菌物质等，洗手液使用方便，不会造成二次污染。随着近年来社会大众生活理念的改变，更为健康、安全的天然产物正逐步替代许多化学用品。

洗手液的制备工艺：将表面活性剂、滋润剂、保湿剂等加入去离子水中搅拌溶解，

图2-85　花椒洗手液

分批加入抑菌剂，待其溶解后加入柠檬酸调节pH为4.5～6.5，加入天然香料或香精进行香味调节即得（图2-85）。

④牙膏。牙膏是最常见的口腔卫生用品，主要由摩擦剂、保湿剂、发泡剂、增稠剂、甜味剂、芳香剂、护色剂和具有特定功能的活性物质等组成。牙膏以洁齿为主要目的，以清新口气为辅，在生活中必不可少。许多高质量、多功能的牙膏不断推陈出新，其品种日益增多，以满足不同人群的多方面需求。

牙膏的制备工艺：预发胶水法制牙膏，先将胶黏剂等均匀地分散于湿润剂中，另将水溶性助剂等溶于水中，在搅拌条件下将胶液加至水溶液中膨胀成胶水，静置备用，然后将摩擦剂等粉料和香料等依次投入胶水中，充分搅拌，再研磨均匀，真空脱气成型。

⑤漱口水（图2-86）。漱口水的基础组成为表面活性剂、去离子水、保湿剂、甜味剂、抑菌剂等。近年来漱口水以方便和快捷的特性，快速成为注重口腔卫生人群的选择。在欧美发达国家，各种漱口水、爽口水的生产量仅次于牙膏，但我国对这类产品的开发和生产尚处于初级阶段。

漱口水的制备工艺：一般先将水溶性物质溶于水，再将其他物质溶于酒精，混合配料后，经陈化、过滤即可。

（5）**护肤品添香加工**。常见护肤品包括面膜、爽肤水、润肤霜、护肤精华液、保湿乳液、面霜、眼霜（图2-87）等产品。

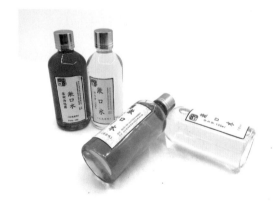

图2-86　漱口水

图2-87　眼　霜

①面膜。面膜是集护肤、养肤和美容于一体的面部皮肤用化妆品。面膜种类很多，目前市场上较为常见的是剥离面膜和成型面膜。

A.剥离面膜。剥离面膜可制成膏状或凝胶状，使用时将其涂抹在面部，经10～20

分钟，产品中的水分逐渐蒸发，形成一层薄膜，然后揭下整个薄膜，皮肤上的污垢、皮屑等就黏附在薄膜上一同被除去。剥离面膜原料主要包括水溶性高分子成膜剂、保湿剂、吸附剂、溶剂（去离子水）、增稠剂以及活性成分（水解蛋白、植物精华）等。天然香料不仅具有宜人的香味，其中的精华部分也适用于面部肌肤的改善。

制备工艺：成膜剂溶解时，首先用保湿剂或乙醇润湿，然后再加入去离子水，在加热条件下搅拌使其溶解均匀，剩余材料也先用保湿剂或乙醇溶解，待温度降至50℃时加入，搅拌均匀，冷却至35℃即可。

B.成型面膜。常见的成型面膜（图2-88）是将无纺布类纤维织物剪裁成人的面部形状，放入包装物中，再灌入面膜液将包装物密封，这种浸渍面膜液的无纺布类即为成型面膜。其主要成分有保湿剂、润肤剂、活性成分（果酸、维生素、表皮生长因子EGF）。

制备工艺：将面膜液各成分混合，静置，过滤，灌入面膜包装，杀菌即可。

图2-88 成型面膜

②润肤霜。润肤霜是指能保护皮肤免受外界刺激，且避免皮肤散失过多水分，保持皮肤滋润、有光泽的乳剂类护肤化妆品。常见润肤霜以O/W（水包油）为主，其油性成分较少，清爽不油腻，不刺激皮肤。润肤霜中可添加各种营养成分、生物活性成分，使其具有营养作用（天然香料润肤霜见图2-89，润肤霜的制备技术见图2-90）。

（6）**化妆品添香加工**。常见化妆品包括唇膏、散粉、指甲油等。

①唇膏。唇膏是由油、脂、蜡类原料、抗氧化剂以及香精制成的唇部美容化妆品，其中加入着色剂即为口红（添加可食用色素、天然香料的唇膏和口红见图2-91）。

图2-89 天然香料润肤霜

```
加热    均质    搅拌    冷却    检测
混熔    乳化    冷却    出料    装罐
        搅拌
```
图2-90 润肤霜的制备技术

图2-91 添加可食用色素、天然香料的唇膏和口红

制备工艺：油相原料混合加入，加热至60～90℃，加入蜡类搅拌均匀，再加入色浆搅拌均匀，最后加入脂类搅拌均匀，当温度下降至高于混合物熔点5～10℃时，快速浇注，并快速冷却。香精香料在混合物完全熔化时加入。

②散粉。散粉的主要成分是体质粉体、着色颜料、白色颜料、防腐剂和香精。有时添加珠光颜料和金属皂，起到遮盖、爽滑、吸收作用。滑石粉和高岭土是粉类化妆品的基本材料。

制备工艺：散粉的制备工艺（图2-92）简单，可以磨细过筛后混合，也可以混合磨细后过筛。

图2-92 散粉的制备工艺

混合：将各种材料均匀混合。

磨细：将粉料磨细，以使加入的颜料分布均匀，更有光泽。

过筛：将粗颗粒分开。

加脂：可避免散粉质轻导致脱落。

灭菌：香粉类的杂菌数应小于100个/克。

包装：要求外观美观。

③指甲油。指甲油是用来修饰指甲，增进指甲美观的化妆品。其主要原料为成膜物、树脂、增塑剂、溶剂、着色剂和香精等。

制备过程：主要包括配料、调色、混合、搅拌、包装等。首先用溶剂将成膜物润湿，另将溶剂、树脂、增塑剂与香精混合，并加入润湿的成膜物中，搅拌溶解，离心处理，除去杂物和不溶物，静置，加颜料浆，再装罐。

（三）热带特色资源加工技术

"硬核"关键词：富集、提升、精粹、多样

1. 药膳资源加工

药膳是在中医学、烹饪学和营养学理论指导下，严格按照配方，将中药与某些具有药用价值的食物相配，采用我国独特的饮食烹调技术和现代科学方法制作而成的具有一定色、香、味、形的美味食品。简言之，药膳即药材与食材相配而做成的美食。药膳既有食物的色、香、味和营养价值，又有一定的药物作用，能防病治病，保健强身，使得良药不再苦口。

中医学在长期的医疗实践中积累了宝贵的药膳食疗保健经验，形成了独特的理论体系，因而药膳学是中医学的重要组成部分。药膳学是中华民族历经数千年不断探索、积累而逐渐形成的独具特色的一门临床实用学科，是中华民族祖先遗留下来的宝贵文化遗产。

（1）**药膳起源**。我们的祖先为了生存需要，在自然界到处寻觅食物。久而久之，发现了某些动物、植物不但可以作为食物充饥，而且具有药用价值。在人类社会的原始阶段，人们还没有能力把食物与药物分开。这种把食物与药物合二为一的做法就是药膳的源头和雏形。

传说上古时代的彭祖及其家族精于养生，其首创的"雉羹"，主料为野鸡和稷米（小米），辅料为养生材料，将它们炖煮熬制而成。传说当年尧帝指挥治水，为部落安危日夜操劳，积劳成疾，卧病在床。彭祖将"雉羹"献于尧帝食用（图2-93），在彭祖的护理下尧帝的病被治好了，彭祖因此受到封赏，到徐州一带建大彭国称王，因而徐州又称"彭城"。

图2-93　彭祖献"雉羹"（王佩 画）

至周武王伐纣时期，姜太公创制的"太公望红焖鸡"，又称"红焖鸡"，将鸡肉和香草药一起放入砂锅焖烧至鸡肉烂熟，这道菜口味独特，鲜嫩多汁，可强身延年。这道菜采用砂锅焖烧的烹饪方法，用料更加丰富。虽然此时尚未出现"药膳"这一词汇，但是由这道菜的烹制材料来看，这就是一道药膳，至今这道菜仍是鲁菜系的珍贵菜品。

（2）**古代药膳加工方式**。我国早在甲骨文与金文中就有了"药"字与"膳"字。真正的药膳只能出现在人类已经拥有丰富的药物知识并积累了丰富的烹饪经验之后的文明时代。

"药膳"这一词汇，最早见于《后汉书·列女传》，书中有"母亲调药膳思情笃密"的记载，《宋史·张观传》中还有"蚤起奉药膳"的记载。这些记载证明，至少在一千多年以前，我国已有"药膳"的称谓。东汉著名大医学家张仲景的《伤寒杂病论》和《金匮要略方论》进一步发展了中医理论，"所食之味，有与病相宜，有与身为害，若得宜则益体，害则成疾"，食物疗法在疾病治疗过程中的重要作用，书中说得相当明确。

古代由于人们受限于技术发展的落后，以及对药物成分认识的不足，因此药膳的加工方式很单一，如与食材同煮、炮制药酒、磨粉制丸、制成蜜饯等方式。这些加工方式对于食材、药材有效成分的损耗较大，人体吸收效率也不高。

①与食材同煮。

A.熬煮。食材加水熬煮成羹汤、粥糜，是古人药膳最常用的食用方式。

张仲景的《伤寒杂病论》和《金匮要略方论》两部书中采用了大量的饮食调养方法来配合治疗疾病，如白虎汤、桃花汤、竹叶石膏汤、瓜蒂散、十枣汤、甘麦大枣汤等，即药材与食材配合煮成汤剂服用。

而食材加主食熬制即可得各种药粥，例如上文所述的"雉羹"。除此之外，据《本草纲目》记载，姜粥可"温中，辟恶气"，百合粥可"润肺调中"。

B.卤制。卤制是指将初步加工和焯水处理后的食材原料加入各种中药材、香料、调料一起熬煮后，将汤汁和卤料弃去，挑出食材食用。卤制主要以香辛料和肉为主要原料加工而成。卤制调味品大多具有开胃、健脾、消食化滞等功效。因此，使用卤制原料，除了满足人体对蛋白质及维生素等的需求外，还能达到开胃、增加食欲的目的。

卤制的方式从古至今深受人们的喜爱，经考证卤制最早可追溯至先秦时期。屈原所著的《楚辞·招魂篇》中有"露鸡臛蠵（huò xī），厉而不爽些"之句，露鸡是什么？著名学者郭沫若经考证认为露鸡即是卤鸡，由此可见卤法始于先秦时期。北魏时期贾思勰的著作《齐民要术》中记载有"绿肉法"，实为一种卤制法。该书中对"绿肉法"做如是表述："用猪、鸡、鸭肉，方寸准，熬之，葱、姜、橘、胡芹、小蒜细切与之，下醋，切肉名'绿肉'。"

②泡制药酒。我国传统药酒原料为黄酒。将药材浸泡在黄酒里，药材中的有效成分溶入酒中，人服用后能达到治病健身效果。

药酒（图2-94）大致分为内服型和外涂型两种。《史记·扁鹊仓公列传》是我国目前所见最早的医案记载，其中列举了两

图2-94 药 酒

例以药酒治病的医案。隋唐时期是药酒使用较为广泛的时期，对药酒记载最丰富的是孙思邈的《千金方》，其中共有药酒方80余种，涉及补益强身、内科、外科、妇科等几个方面。

③磨粉制丸。传统丸剂溶散、释药缓慢，可延长药效，降低毒性、刺激性，减少不良反应，适用于慢性病治疗或病后调和气血。其缺点是受限于研磨设备的落后，粉体粒径大，不利于人体对有效成分的吸收。

④制成蜜饯。蜜饯也称为果脯，是将果蔬用糖或蜂蜜腌制后而加工制成的食品。用药膳材料制成的蜜饯，可作为小吃或零食直接食用，例如春砂仁蜜饯，是以新鲜阳春砂仁为主料，加入陈皮、蜂蜜、白砂糖等腌制而成的，具有行气调中、养胃益肾、补肺醒脾、健胃消食、化湿导滞的功效。九制陈皮（图2-95），为广东传统零食，采用优质的柑橘皮为原料，经过拣皮、浸漂、保鲜、切皮、

图2-95　九制陈皮

腌制、沥干、调料、反复晒制、贮存、包装等多个工序，成为正式产品。因工艺繁杂严谨，故称之为"九制"。九制陈皮具有陈皮芳香味，口感好，不但能化痰止咳，还可顺气解渴。

（3）**现代药膳加工方式**。随着现代科学、加工技术的发展和进步，人们对药物、食材的药效、药性以及功效有了更加科学深入的了解，药膳资源加工呈现出前所未有的繁荣，品种丰富，功能多样，而且人们十分注重食材、药材中有效成分的保留，使有益成分相互补充，食用或使用药膳后可达到养生、保健、美容目的。

目前药膳资源按照加工和食用、使用方式，可以分为茶饮类产品（如速溶茶、复合茶）、发酵类产品（如果酒、果醋等）、超微改性类产品（如超微粉压片等）、炮制类产品（如各种药酒及春砂蜜等）、蒸馏提取类产品（如纯露、精油等），以及制作面膜等洗护类产品。

①茶饮类。

A.速溶茶。速溶茶是以茶叶（或不含茶叶）、药材等为原料，将其中的有效成分通过提取、过滤、浓缩、干燥等工艺过程加工成的一种易溶于水而无渣滓的颗粒状、粉状或小片状的固体饮料。速溶茶能迅速溶解于水中，具有冲饮携带方便、不含农药残留、易于人体吸收、功能针对性强等优点。

我国药膳类速溶茶原材料品种丰富，其功能成分活性强。但具备功能活性的组分在加工过程中易被氧化及分解，导致终产品功效降低，这使热带特色农产品精深加工的整体发展受到阻碍。

经过近年的研究与创新，集成温度控制提取浓缩技术、快速溶解分散技术、香气控制释放技术、天然提取物调味技术、低温干燥技术等生产技术研发的系列速溶茶产品，突破了以往的生产瓶颈（玫瑰茄速溶茶见图2-96，山药速溶茶见图2-97）。

B.复合茶。药膳材料与其他食材相混合可制成复合茶，冲泡后各种药材、食材在功效上彼此扬长避短，使复合茶具有保健强身的作用。

图2-96　玫瑰茄速溶茶

图2-97　山药速溶茶

图2-98　陈皮荷叶茶

砂仁茶，是将春砂仁搭配山楂、雪梨、红茶等，经一定工艺制作而成的固体冲泡饮料。砂仁茶既完整地保留了砂仁的有效成分，又除去了砂仁易上火的弊端，滋味醇厚温和，经常饮用可行气止痛，养胃开胃。

益智仁茶含有益智仁、大枣、山药、黄精、枸杞子等，用开水冲泡后饮用，常饮可增强人体免疫力和记忆力。

陈皮荷叶茶（图2-98），配料为陈皮、干荷叶、山楂、薏米、冰糖等。炖煮后饮用，有降脂和减肥的作用。

②发酵类。

A.果酒。果酒也称为"果子酒"，是以各种新鲜水果为主要原料，自然发酵或人工添加酵母发酵而成的低度酒类，这类药膳饮品以桑葚果酒（图2-99）为代表。有些水果不适合发酵，可以放在高度白酒中浸泡，这种酒也属于果酒。果酒有水果独有的风味和色泽，保留了水果的部分营养成分，具有保健价值。

桑葚果酒，由桑葚酿造，具有补血、强身、益肝、补肾、明目功效，含有丰富的花青素、白藜芦醇、氨基酸、维生素等生物活性成分和营养物质。有文献报道，桑葚果酒中的花青素含量是红葡萄酒的5倍以上，蛋白质含量是葡萄酒的8倍，赖氨酸含量是葡萄酒的9.23倍，微量元素硒的含量是葡萄酒的12.41倍。

图2-99　桑葚果酒

B.果醋。果醋是以水果或水果下脚料为原料，添加酵母、醋酸菌、果胶酶和糖等发酵制得的含有醋酸的饮料或者调味品。果醋兼有水果和食醋的营养保健功能，是集营养、保健、食疗等功能为一体的新型饮品。科学研究发现，果醋含有多种有机酸、氨基酸和维生素，具有抗氧化、降血脂、提高免疫力等功能。这类药膳类饮品以山楂醋（图2-100）为代表。

用山楂为主要原料酿造的山楂醋，根据现代研究发现其具有清除疲劳、增进食欲、帮助消化、抗菌消炎、防治感冒、消暑降温等功效，并有助于治疗动脉硬化、高血脂、高血压、冠心病、骨质增生、风湿性腰腿疼、脱发、头皮痒等疾病，对降低糖尿病患者的血糖值及抗肿瘤、增强机体免疫力有一定作用，具有很高的营养价值和药用价值。

图2-100 山楂醋

③超微改性类。将药膳材料经特殊设备低温研磨成超微粉，可以有效破坏其长链纤维结构，促进不溶性膳食纤维向可溶性膳食纤维转化，避免高温研磨对有效成分的破坏，降低粉体粒径，提高人体吸收效率。经超微改性后的膳食材料粉体可用于压片及制作糕点、饮料、主食添加剂等系列产品，也可以直接服用。

益智仁压片糖果，原料有超微益智仁粉（不少于25%）、酸枣仁粉、白砂糖、糊精等，是经一定工艺压制而成的片状糖果类食品，该产品老少皆宜，经常食用有助于提高人体免疫力和记忆力。

灵芝超微粉（图2-101），指的是灵芝子实体经过超微粉碎技术粉碎后的粉末，相对于灵芝子实体来说灵芝超微粉更容易被消化吸收利用。灵芝超微粉具有抗肿瘤、降血糖、保肝、抗衰老、抗炎镇痛、保护心脏、抗凝血、改善微循环和抗动脉硬化的作用。

④炮制类。将药膳材料放入蜂蜜、黄酒或白酒中炮制，使其有效成分溶入蜂蜜或酒中，或者将药膳中有效成分提取后调配于酒中，可外涂或饮用，达到治病健身目的。

图2-101 灵芝超微粉

A.砂仁酒。主料为阳春砂仁、黄酒，具有行气和中、开胃消食功效，适用于湿滞中焦、胸腹胀满、食欲缺乏、消化不良、恶心呕吐、胃脘胀痛、腹泻等。服用禁忌：阳春砂仁性较温燥，有实热或阴虚者，不宜服用。

B.跌打通络酒。将柴胡、制香附、当归、赤芍、白芍、松子、五灵脂、穿山甲、甘草等材料，按照一定配比，浸入50°左右的白酒中制成。具有活血通络、舒筋行气的功效。遇跌打损伤时，可将其涂于患处，可帮助伤口愈合。

C.春砂蜜。被誉为养胃专家，是近年来开发的新型药膳食品。其主料为新鲜阳春砂仁、蜂蜜、白砂糖、茯苓、山楂、陈皮等。蜂蜜中含有丰富的酶，酶是一类极为重要的生物催化剂，帮助人体消化、吸收，促进新陈代谢。春砂仁具有行气调中、养胃益肾、补肺醒脾、健胃安胎、化湿导滞的功效。蜂蜜调配春砂仁制成的春砂蜜具有和胃行气的功效，平时经常食用，有养胃、益肾、健脾的保健功效。

⑤蒸馏提取类。精油是从植物的花、叶、茎、根或果实中，通过水蒸气蒸馏法、挤压法、冷浸法或溶剂提取法提炼萃取的挥发性芳香物质。在植物精油蒸馏萃取过程中，萃取液上层即为精油，下层的水即为纯露。纯露是一种100%饱和的蒸馏原液，是精油提取工艺的一种副产品，所以纯露又称为"水精油"，其天然纯净，香味清淡怡人。

沉香为瑞香科植物白木香含有树脂的木材。具有行气止痛、温中止呕、纳气平喘之功效，常用于胸腹胀闷疼痛、胃寒呕吐呃逆、肾虚气逆喘急。降真香为山芸香科山油柑属植物油柑，含有树脂的木质部分，具有化气、活血、去瘀、消肿、止痛效果。沉香和降真香均为我国热带地区独具特色的名贵木材，香味较浓且清幽温雅。通过先进的超临界二氧化碳萃取技术结合分子蒸馏技术，高效萃取，低温分离，萃取出的精油（图2-102）接近天然香气，品质优良，而且操作简便，无污染，能耗低。

⑥制作面膜等洗护类产品。药膳材料除了可加工成食物，直接食用后达到治病保健目的，还可以提取其中的有效成分，制作成面膜等洗护类产品，使用后同样有保健效果。近年来，"自然""健康"逐渐成为现代人对养生、美容的追求。这类药膳产品在市场上受到追捧。

沉香纯露是提取沉香精油的副产物，在其中添加天然产物，经调配后制得的面膜（图2-103），气味芳香温和，具有美白、紧实肌肤、舒缓神经的功效。

图2-102 沉香精油及降真香精油　　　　图2-103 沉香纯露天丝面膜

玫瑰护肤水，含有大量的玫瑰鲜花挥发性芳香成分和水溶性成分，气味清淡怡人，长期使用可以使皮肤保持水油平衡，降低肌肤敏感度，提亮肤色。

花椒含有丰富的药理成分，具有温中、止痛、杀虫的功效。花椒系列洗护用品（图2-104）富含丰富的花椒提取物和精油，在其使用过程中，可以柔和地清除油污，防止毛

图2-104　花椒系列洗护用品

囊阻塞，舒缓干燥不适的皮肤，增强肌肤活力，有效祛除身体表面致病菌。

2.食用菌加工

食用菌一般是指能形成大型子实体或菌核并能被食用的大型真菌，更加准确地说是一种可供人们食用的蕈菌。世界上有2 000多种食用菌，我国已知食用菌约有720多种，其中多属担子菌亚门。常见的食用菌有红菇（图2-105）、鸡枞菌（图2-106）、木耳、银耳、香菇、草菇、猴头菇、白灵菇、竹荪、松口蘑（松茸）、口蘑、灵芝、虫草、松露和牛肝菌等；少数属于子囊菌亚门，其中有羊肚菌、马鞍菌、块菌等。这些食用菌生长在不同的地区、不同的生态环境中。

图2-105　红　菇

图2-106　鸡枞菌

（1）**食用菌的分类**。根据食用菌维持生命活动吸取营养方式的不同，可以将其分为腐生性食用菌、共生性食用菌和寄生性食用菌3种。

①腐生性食用菌。腐生性食用菌能分泌各种胞外酶，将已死亡的有机体加以分解，

从中吸取养料，并获得能量，比如灵芝、平菇（图2-107）等。

②共生性食用菌。共生性食用菌能与其他生物形成互惠互利的共生关系，植物为共生的真菌提供营养，而真菌则帮助植物吸收水分和养分，分泌植物所需的维生素和生长激素等，比如蜜环菌（图2-108）与天麻共生。

图2-107　平　菇

图2-108　蜜环菌

③寄生性食用菌。寄生性食用菌能寄生于一种植物体上，并单方面获利地吸取寄主植物的营养以维持生活，比如冬虫夏草寄生昆虫（图2-109）、北虫草寄生蚕蛹（图2-110）。

图2-109　冬虫夏草寄生昆虫

图2-110　北虫草寄生蚕蛹

（图2-105至图2-110由广东省微生物研究所张明博士提供）

（2）食用菌的营养价值。联合国粮食及农业组织和世界卫生组织曾提出，人类最佳的饮食结构就是"一荤一素一菇"，这个菇就是指食用菌。食用菌营养丰富，鲜嫩味美，一直享有"山珍"的美誉。

食用菌含有丰富的蛋白质，其含量是一般蔬菜和水果的几倍甚至几十倍。比如鲜口蘑蛋白质含量为1.3%～3.5%，是大白菜的3倍，苹果的17倍。食用菌还含有丰富的维生素，比如草菇维生素C的含量是辣椒的1.2～2.8倍。食用菌富含磷、钾、钠、钙、铁、锌等多种微量矿物质元素，比如银耳含有较多的磷，有助于恢复和提高大脑功能；香菇的灰分中含65%的钾，是碱性食物中高级食品，可中和肉类食品产生的酸。此外，食用菌富含多种生物活性成分，比如高分子多糖、β-葡聚糖和RNA复合体、天然有机锗、核酸降解物、cAMP和三萜类化合物等，对人体健康有重要作用，同时食用菌在抗肿瘤、降血压、降血糖等方面具有良好的药用保健价值。

（3）**食用菌的栽培**。我国目前能够进行人工栽培的食用菌约有70多种，市场上常见的有20～30种食用菌可开展工厂化栽培，其栽培方式主要采取袋料栽培、覆土栽培等方式。

以下以灵芝（大红芝）袋料栽培为例（灵芝培养的不同时期见图2-111）。

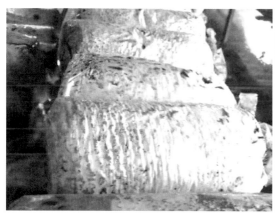
菌丝生长期

菌蕾期

子实体生长期

成熟期

图2-111 灵芝培养的不同时期

培养基料：44%甘蔗渣＋40%棉籽壳＋10%玉米粉＋5%麦麸＋1%石灰＋适量的水（控制湿度50%～65%）。

培养袋：聚丙烯或者聚乙烯塑料材质。

灭菌装置：灭菌锅。

灭菌条件：100℃灭菌12～24小时或者121℃灭菌1小时。

接入菌种：培养袋冷却至室温。

培养环境：暗室。

培养条件：①菌丝体培养。密闭瓶口，控温25～28℃，湿度<75%。②菌丝体长满。打开瓶口，控温25～35℃，湿度85%～95%，保持通风。③子实体生产。1～2月，待边缘由白转红进入成熟期就可以采摘收获。

（4）毒蘑菇的鉴别和误食救护。

小贴士：

"毒蘑菇"的鉴别

（1）不能靠网传的"漂亮蘑菇不能吃""颜色鲜艳的蘑菇有毒"等方法进行辨别，比如鸡油菌（图2-112）、牛肝菌（图2-113）等颜色鲜艳，但可食味美；而剧毒蘑菇鹅膏（图2-114）为白色，灰花纹鹅膏为灰色等，食用却会致命。与鸡油菌色泽相似的月夜菌（图2-115），食用后会中毒。

图2-112　鸡油菌

图2-113　牛肝菌

图2-114　致命鹅膏

图2-115　月夜菌

（由图2-112至图2-115由广东省微生物研究所张明博士提供）

（2）不能通过"与银器、生姜、大米等共煮，液体变黑有毒，不变黑则无毒"来辨别，比如鹅膏毒素就不能与银器等发生化学反应。

（3）不能通过"生长在潮湿处或者家畜粪便上的有毒，长在松树下等清洁地方无毒"来辨别，比如口蘑、红菇中的一些有毒种类也生长在松林中。

（4）不能通过"生蛆、生虫的蘑菇没有毒"来辨别，比如鳞柄鹅膏生虫，但是它有剧毒。

没有简单办法可以准确鉴别有毒与无毒的野生菌！

预防食用菌中毒的根本方法就是——不要采食野生蘑菇！

误食毒蘑菇后怎么办

（1）立即呼叫救护车。

（2）立刻进行催吐，可让误食者服用大量温盐水，刺激咽部使其呕吐，减少毒素吸收。孕妇慎用催吐。

（3）如中毒者已昏迷，则不宜再进行人为催吐，易引起窒息。

（4）给中毒者加盖毛毯保温。

（5）凡同食用过同样毒蘑菇的人，无论是否发病，均需立即到医院进行检查。

（6）食用过的剩余蘑菇，应留存以供检验，查明中毒原因。

3. 茶类加工

茶，是中华民族的传统饮料，是中华民族的举国之饮。

（1）茶的起源。"茶发乎神农，闻于鲁周公，兴于唐朝，盛在宋代。"中国的文化发展史，往往是把一切与农业、与植物相关的事物的起源最终都归结于神农氏。相传神农氏"尝百草"（图2-116）时期，有一天，他翻山越岭，非常口渴，他在野外以釜煮水解渴时，忽然发现有几片树叶飘落进锅中，他拿起叶子细看，只觉得其青

图2-116　神农氏"尝百草"（王佩　画）

嫩可爱；以鼻一嗅，气味芬芳；用舌一舔，非常苦涩。用其煮好的水，色微黄，喝入口中生津止渴、提神醒脑，于是"尝百草"经验丰富的神农氏断定这是一种具有止渴、提神功效的树叶。此后，神农氏为解救人的疾病，勇敢地用尝百草的方法检验各种植物的疗效，前后中毒多次，每次都用喝茶汤汁的方法解毒，从此喝茶能治病就在民间开始广为流传，"神农尝百草，日遇七十二毒，得茶而解之"，喝茶就成为中华民族的传统习惯。

（2）现代茶工业。我国是世界重要的产茶园，茶产量占世界第一位，茶园面积已超过1 500万亩。湛江市是广东省的茶叶主产区（金萱红茶产品见图2-117，蒸青绿茶产品见图2-118），茶园面积为1万亩左右（茶种植基地见图2-119）。

图2-117　金萱红茶产品

图2-118　蒸青绿茶产品

图2-119　茶叶种植基地

（图2-117至图2-119由湛江农垦现代农业发展有限公司拍摄提供）

茶叶中富含生物碱、茶单宁、维生素、芳香油、儿茶素、叶绿素、无机盐等多种化学成分，具有促消化、增进食欲、除口臭、防蛀虫、解渴、解酒、治便秘、整肠、利尿、防止动脉硬化等功效。

（3）现代茶分类。茶，按照制作工艺不同，可分为绿茶、白茶、黄茶、青茶、红茶、黑茶。

①绿茶。绿茶为不发酵的茶。其制作工艺主要包含杀青、揉捻和干燥3个步骤，关键步骤为杀青。新鲜茶叶通过杀青灭酶，酶的活性钝化，内含的各种生物活性成分基本不再受到酶的破坏，保留了叶绿素，茶色呈绿色，绿茶以龙井、碧螺春（图2-120）为典型代表。

②白茶。白茶为微发酵的茶（发酵度为10%～20%），其制作工艺主要包含萎凋、烘干（烘焙）两个关键步骤，制作工艺大多沿用古法，不炒不揉，适当摊晾，自然萎凋，

适时烘焙，对制茶技术要求很高。白茶冲泡可后形成清淡鲜醇的茶汤，白茶以白牡丹、白毫银针为典型代表。

③黄茶。黄茶为轻度发酵的茶（发酵度为20%～30%），其制作工艺主要包括杀青、闷黄、干燥3个关键步骤。制作过程中高温杀青，破坏酶活性，多酚类化合物在湿热的条件下发生异构化和自动氧化，防止产生红梗叶，杀青后期要边加热边揉捻，用力要轻，防止茶汁挤出，色泽变黑，

图2-120　碧螺春

然后控制茶叶含水量和叶温，对杀青或者揉捻后的湿坯闷黄，不同茶类闷黄时间从数十分钟到数小时不等，闷黄结束后，采用"先低后高"的原则进行干燥，低温干燥减慢水分的蒸发速度，内含物进一步缓慢转化，高温干燥固定已经形成的黄茶品质，进一步发展香味，黄茶以君山银针为典型代表。

④青茶。青茶为半发酵的茶（发酵度30%～60%），其制作工艺主要包括萎凋、做青、炒青、揉捻、烘干5个关键步骤。鲜叶先经萎凋、摇青，促使发酵，然后进行杀青、揉捻和烘干，青茶兼有红茶之甜醇与绿茶之清香，青茶以铁观音（图2-121）、高山茶等为典型代表。

⑤红茶。红茶为全发酵的茶（发酵度为80%～90%），其制作工艺主要包括萎凋、揉捻、发酵、烘干4个关键步骤。把新鲜茶叶揉捻，使其组织破裂，挤出液汁，然后放入石灰池里发酵，这样叶绿素被破坏殆尽，茶叶中的有机物在空气中氧化变成红色的物质，茶叶变成红色。发酵过程中鞣酸被破坏了，所以红茶不像绿茶涩口。但同时，芳香油也大部分跑掉了，所以红茶不如绿茶香。红茶以祁门红茶（图2-122）为典型代表。

图2-121　铁观音

图2-122　祁门红茶

⑥黑茶。黑茶为后发酵的茶（发酵度为100%），其制作工艺主要包括杀青、初揉、渥堆、复揉、烘焙5个关键步骤。黑茶一般以粗老的茶叶为原料，制作过程中堆积发酵时间较长，因而叶色油黑或黑褐，故称为黑茶。黑茶以湖南黑茶、云南普洱（图2-123）为典型代表。

图2-123　云南普洱

（4）**新型茶**。随着加工工艺的不断改进，近几年出现了冷泡茶（图2-124）、花草茶（图2-125）以及新型资源食品茶，这些茶在市场上受到了广大消费者的欢迎。

①冷泡茶。与传统茶加工工艺相比，用于冷泡的茶叶主要是通过延长鲜叶蒸青时间、延长揉捻时间等增加茶汤的水浸出物、茶多酚、游离氨基酸等成分的含量。冷泡茶冲泡方便，常温的白开水就可以冲泡，且最大限度地保留了茶叶的本味和鲜爽度，减少了热水冲泡时茶叶的苦涩味，深受广大消费者的欢迎。

②花草茶。花草茶是将植物的根、茎、叶、花等部位干燥后制成的"茶"，用它们冲泡的饮品，就是花草茶，具有方便、适口、保健等功效，目前主要盛行于欧美。

饮用花草茶在广义上与中国传统的茶疗有异曲同工之妙，但茶疗主要用于治病，而且茶疗药材种类繁多，搭配更为复杂。从中医角度上看，花草茶的搭配原则是根据花草的药性以及归经来决定的，以此对应不同人群。

图2-124　冷泡茶

图2-125　花草茶

人体体质大致分为九种，有平和质、气虚质、阳虚质、血瘀质和痰湿质等。不同体

质的人有不同的身体调养方式，只有对症调养才有效果。目前常见的花草茶有茉莉花茶、菊花枸杞茶、玫瑰花茶、柠檬茶和红枣枸杞茶等，花草茶搭配不同，其风味和功效有较大差异，比如茉莉花茶香气鲜且持久，滋味醇厚，汤色黄绿明亮，具有疏肝和胃、理气解郁、润肠通便、安神、防治头昏、调节神经紧张等功效。菊花枸杞茶清肝明目、安神解困，合适在夏季的午后饮啜。

图2-126　辣木原叶茶

③新型资源食品茶。新型资源食品茶是以人参、辣木（见下文详细介绍）等植物的叶子为原料加工而成的茶，这些茶具有较强的保健功效。比如辣木原叶茶（图2-126），是以辣木的叶子为原料，采用晾青、揉捻、干燥等现代化茶叶加工技术，并结合辣木叶特点集成精制而成，最大限度地保留了辣木的高营养成分，也兼具了香气高雅、汤色清亮、甘鲜爽口的茶品口感，是现代人休闲养生的不二之选。

4. 其他特色热带资源产品加工

热带物产丰富，特色资源众多。热带除具有丰富的药膳及食用菌资源外，还有许多其他颇具特色的资源，如辣木、玫瑰茄等。

（1）辣木。辣木，又名"鼓槌树"，原产于印度，是辣木属多年生热带功能树种。

辣木营养丰富全面，药食两用，属罕见的高营养食品资源，素有"奇迹之树""母亲之树"之称，极具开发前景。每100克辣木叶（图2-127）中的蛋白质含量约为牛奶的2

图2-127　辣木叶

图2-128　辣木籽

倍，维生素A含量约为胡萝卜的4倍，维生素C含量约为鲜橙的7倍，钙含量约为牛奶的4倍，铁含量约为菠菜的3倍，钾含量约为香蕉的3倍。

辣木籽（图2-128）除含有丰富的不饱和脂肪酸外，蛋白质等其他营养素含量同样较高，其蛋白质含量高达36.2%～38.7%，总糖含量为6.9%～9.5%，每100克辣木籽中的钾、钙和铁的含量分别为515.3～617.6毫克、95～135.3毫克和2.9～3.5毫克。

此外，辣木含有的氨基甲酸酯和酚性成分，具有抗菌、降血压、治疗糖尿病等功效。

近年来，国际上加大了对辣木的研究与开发。2012年，我国农村部将辣木叶列为新资源食品，辣木产业在云南、广东、海南等地呈"爆炸式"发展，种植规模迅速扩增，但加工技术落后成为辣木产业发展的瓶颈。

现有的辣木加工技术普遍存在产品品质差、技术不系统、产品一致性差等问题。为进一步深加工辣木，可基于辣木的营养及功能特性，开发出功能性食品、营养休闲食品、主食化食品、饲料、日化产品等辣木系列产品（图2-129）。

图2-129　辣木系列产品

①辣木在食品中的应用。辣木作为一个外来引进栽培的物种，目前尚未被大众所熟识。但在国外，辣木有着悠久的食用历史。印度作为辣木的起源地和主要种植地，当地民众早将其作为一种传统的食物，并通过各种形式和途径进行利用。他们把辣木叶子和种子作为补充营养物质的重要来源；利用新鲜的辣木叶制备脂肪食品，比如通过将辣木叶与奶牛乳脂混合，制备出高脂肪的食品；同时辣木叶也可作为婴儿、儿童食物，制成沙拉、蔬菜咖喱以及时蔬食用，被西非和东南亚一些国家的民众所接受。辣木嫩叶类似菠菜，可以作凉拌菜或者汤[1][2]。

随着人们对辣木营养价值和保健功能的深入研究，辣木作为一类新的、高营养的食品逐渐受到人们的广泛关注。辣木中蛋白质、膳食纤维、矿物质元素和维生素含量丰富，并含有黄酮、多酚等多种功能成分，营养价值极高，可充分利用其营养特性，开发出形式多样的功能性食品。

辣木叶可加工成辣木粉和以其为原料精制而成的辣木叶片剂。辣木粉的营养价值可与具有"人类营养的微型宝库"之称的螺旋藻媲美，辣木叶中的维生素C、维生素E、维生素B_6、钙、镁等含量较螺旋藻中的更高。辣木粉加工过程比较简单，将新鲜的辣木叶自然风干、粉碎、过筛，然后置于避光的容器密封保存即可[3]。随着科技的进步，食品加工的条件也得到改善，目前在市面上有一部分的辣木粉是通过超微粉碎机制成。

辣木叶经过晾青、揉捻、干燥等现代化茶叶加工步骤，可将其开发成辣木养生茶。通过物理破壁、高效萃取、多膜分离、低温浓缩、冷冻干燥等先进加工工艺，可开发辣木速溶茶，该产品保留了辣木活性营养成分（如黄酮、多酚、γ-氨基丁酸等），有利于辅助降"三高"、增强免疫力、改善胃肠道、促进睡眠等，遇水即溶，冲饮携带方便。

运用超微粉碎与直压片等配套技术可对辣木进行压片，该产品可作为一款营养补充剂，供人们日常咀嚼食用，有利于增强免疫力、辅助降"三高"、促进睡眠等。

除此之外，还可提取辣木中的有效营养成分，并与浓香型、酱香型、米香型、清香型等不同类型白酒复配，制成不同香型的辣木叶保健酒。

②辣木在饲料中的加工应用。我国优质蛋白质饲料资源匮乏，严重制约着畜禽业的发展，开发新型优质蛋白质饲料是解决此问题的有效途径之一。

辣木是一种速生、高产、多功能且符合优质蛋白质饲料标准的植物，在国外已被广泛应用于动物饲料中，其作为畜禽饲料蛋白或饲料添加剂能提高鸡、猪、牛、羊的总增重、平均日增重及饲料转化率，进而提高畜禽的生长速度，缩短出栏时间，显著降低饲喂成本；同时，辣木粉补充料还能改善动物肌肉脂肪酸的含量，降低肉脂氧化程度，提

① 刘昌芬.神奇保健植物辣木及其栽培技术[M].昆明：云南科技出版社，2013：24-30.

② Farooq Anwar, Muhammad Ashraf, Muhammad Iqbal Bhanger. Interprovenance variation in the composition of Moringaoleifera oil seeds from Pakistan [J]. Journal of the American Oil Chemists Society, 2005, 82(1): 45-51.

③ Farooq Anwar，M I Bhanger. Analytical characterization of Moringaoleifera seed oil grown intemperate regions of Pakistan[J]. Journal of Agricultural and Food Chemistry, 2003, 51(22): 6558-6563.

高瘦肉率，降低胆固醇，提高肉、蛋、奶产量和品质。因此，辣木饲料的开发对缓解蛋白质饲料资源紧缺的现状和提高畜禽动物产品的产量、品质具有重要意义。

辣木全身是宝，其叶、籽、枝、茎均具有较高的营养价值，均可作为饲料开发利用。较为简单的饲喂方式是直接用辣木叶、籽、枝、茎饲喂动物，但仅采用该种方法辣木的利用率相对较低。将辣木添加到饲料中，或对辣木进行发酵，使有益成分富集，更能发挥甚至提高辣木的营养功效，提高饲喂效果。即使是加工剩余的辣木粕，其中仍含有较为丰富的蛋白质等营养素，可将其作为原料添加到饲料中进行充分利用。

近年来，辣木作为传统蛋白质饲料替代物被添加到饲料中饲喂鸡、猪、牛、羊等动物，均取得了良好的效果。据报道，辣木的添加可有效提高雏鸡的采食量、总增重、平均日增重及饲料转化率，并提高肉用鸡的料肉比、增重率和抗病能力。辣木叶可部分替代奶牛饲粮中的棉籽粕，还可提高牛奶产量，辣木叶粉与棉籽粕的配比为40：60时效果最佳。

辣木除了对畜禽生长发育、产品品质具有积极影响外，还具有抑菌抗炎、促进代谢、增强免疫力等保健作用，有待开发成动物保健品。辣木畜禽饲料的开发推广前景广阔。

③辣木在日化产品中的加工应用。辣木不仅是优质的食用资源和饲料添加物，还是良好的日化品加工原料，可将其开发成化妆品、清洁用品及口腔卫生品等日化产品。目前，市面上已陆续出现一系列辣木加工类日化产品，它们因具有较好的抗细菌、粉尘、烟气、废气和重金属以及保水作用，市场价格不菲。

A.化妆品。早在古代辣木籽油就被用作化妆品，在古代人们用此油涂布全身，主要为了保护皮肤，起到防晒、滋润皮肤的作用，此油具有极佳的稳定性。在宗教用途上，古埃及人曾习惯将辣木籽油涂布在孕妇腹部，有保护胎儿的寓意。

早在20世纪70年代，化妆品工程师就将辣木籽油与其他相类似的植物油脂如橄榄油、甜杏仁油、芝麻油的稳定性进行对比[1]。在进行了一系列的测试之后，发现辣木属 *M.peregrina* 和 *M.pterygospema* 种的油在100℃下保持稳定达100小时以上。在相同条件下，甜杏仁油可保持稳定约5小时，芝麻油20小时，初榨橄榄油不超过40小时。该研究展示了辣木籽油极佳的稳定性，可将辣木籽油应用到化妆品中[2]。

辣木籽油还具有一定的抗紫外线的能力。10%～30%的辣木籽油可抵抗中波（UVB 290～320nm）和短波（UVC 200～290nm）射线，30%～100%的辣木籽油可抵抗长波（UVA 320～400nm）、中波和短波射线，10%的辣木籽油对短波和部分中波紫外射线有吸收作用，0.1%的辣木籽油可吸收短波射线。利用这一特征，人们已经开发出了辣木籽油防晒霜产品，如莫尔卡辣木防晒霜（防晒指数：SPF40，PA值：PA++）、Seven Drops辣木防晒霜（防晒指数：SPF50+，PA值：PA+++）。

此外，利用辣木具有生肌和抗衰老的作用，可开发辣木祛皱霜；将辣木添加到洁面乳中，能够镇静敏感肌肤，温和地去死皮，使肌肤恢复平衡、弹性，具有均匀的色泽。

① 李业森，易国良，褚观年，等.辣木籽油在化妆品中的开发优势[J].广东化工，2019(12).
② 赵燕南，王力舟.现代化妆品中的经典植物油——辣木籽油[J].中国化妆品，1997(3): 25.

将辣木籽油添加到护肤品中，并辅以辣木叶萃取物，可研制出面膜、唇膏、护手霜等系列护肤产品（图2-130），这些产品可保湿补水使肌肤润透亮滑、提升紧致，还可美白、抗氧化、抗衰老。

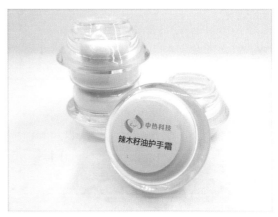

图2-130　辣木籽油相关产品

B.清洁用品。辣木，具有较好的杀菌消毒作用，能够抑制金黄色葡萄球菌、大肠杆菌，已被广泛应用于清洁用品中。将提取的辣木精华加到洗发水中，能够有效修复头皮表质层，改善头发分叉、脆弱易断、脱发、发质干枯等问题，起到柔顺秀发、抑菌等功效；将辣木加到沐浴露中，能够起到杀菌消毒、深入清洁、抵抗自由基、滋润肌肤的作用；辣木也被运用到手工皂的生产中，已有不少企业生产了辣木手工皂，并有不错的市场（辣木洗发水和辣木手工皂见图2-131）。表2-4列举了辣木在洗发水、沐浴露及手工皂中的应用。

表2-4　辣木在洗发水、沐浴露及手工皂中的应用

类别	代表品牌	特　点
辣木洗发水	莫尔卡辣木洗发水	辣木素和生物碱可有效抑菌，平衡油脂，其中辣木素起到改善头发分叉、脆弱易断、脱发、发质干枯等问题
	Kerasys辣木洗发水	利用辣木能够修复头皮表质层，以及对敏感的头皮角质层有保护作用，进而柔顺头发
	EOBIO辣木洗发水	天然的辣木高分子氨基酸和植物多糖等可渗透头发表皮，锁水并柔顺秀发
	Moringa Serum Shampoo	产品中的辣木素能够清除头发、头皮上的尘埃及细菌
辣木沐浴露	The body shop辣木花沐浴露	添加的辣木精华具有促进肌肤新陈代谢，温和去除肌肤污垢和多余油脂的作用
	ESDIA辣木沐浴露	添加的辣木精华有良好的营养，对皮肤有渗透作用，能充分滋润肌肤

（续）

类别	代表品牌	特　点
辣木 手工皂	UK Derm Pharma Glutathione Soap	产品主要成分为曲酸及辣木提取物，这些成分具有杀菌、抗氧化、抗衰老、消除老年斑及减少青春痘的功效
	中热科技	添加的辣木籽油及辣木叶萃取物，具有良好的保湿、滋润、护肤功能，产品温和无刺激，泡沫丰富

图2-131　辣木洗发水和辣木手工皂

C.水质净化中的加工应用[①]。辣木净水的活性成分主要存在于辣木种子中，辣木种子未成熟时就可以食用，但如果要将其用于饮用水的净化，那就要让种子充分成熟、干燥后使用。净化水时，需将辣木种子剥壳、粉碎、过筛、加水、充分搅拌，所得的上清液就可直接用于净化饮用水。同时，辣木种子脱脂后的油粕（脱脂粉）具有絮凝作用，是国际环保组织推荐的人畜饮用水净化絮凝剂。

将辣木种子用于饮用水净化的历史悠久。尼罗河沿岸不少村庄的村民很早就使用辣木种子净化饮用水，村民将辣木称为"Shagara al Rauwaq"，意为净化水的树。现在非洲已普遍使用辣木种子处理饮用水。现代科学实验也进一步证实了辣木种子中含有的天然凝聚成分，能够起到净化水的特殊功效。研究表明，辣木种子粉末的水提液能够减少水中泥沙和细菌的含量，软化水体，并且辣木种子经纯化处理后，辣木活性成分的净水能力可提高34倍。此外，辣木种子在用于废水、高碱性的地下水的处理时也表现出很好的效果。用它处理城市污水和棕榈油加工厂的废水（棕榈油厂的废水含有很多有机物，其生物需氧量、化学需氧量、油脂含量均很高），净化之后水的生物需氧量、化学需氧量、油脂含量均降低到理想水平。有关辣木的净水功能，科学家们已开展了深入的研究，他们已对辣木净水活性物质进行了提取、分离、纯化和活性研究，并对辣木净水蛋白进行重组和机理研究，这为未来辣木在净水方面的应用奠定了坚实的理论基础。

---

①　盛军. 现代辣木生物学[M]. 昆明：云南科技出版社，2018.

饮用水的净化已然是一个世界性问题。在发展中国家，饮用水的质量通常得不到保障；而在发达国家，长期应用化学净水剂，残留在水中的化学物质可能损害公众健康，净水之后的化学残渣造成的环境问题也较严重。因此，寻求可代替化学净水剂的天然净水剂显得至关重要。目前工业上通常利用铝盐来处理饮用水，过量的铝盐残留存在潜在的健康风险，可引发阿尔茨海默氏病。而将辣木作为天然凝聚剂，不仅能够有效抑制99%的细菌，而且其絮凝性好，效果稳定，无化学残留，安全无害，有待成为未来工业净水的发展趋势，具有良好的市场应用前景。

图2-132　玫瑰茄

（图源为《中国植物志》）

（2）**玫瑰茄**。玫瑰茄（图2-132）为锦葵科一年生热带草本植物，又名山琉、洛神花、芙蓉煎，原产于西非至南亚，现广泛分布于全球热带和亚热带地区，在我国广东、广西、云南、福建、台湾等省份均有大规模栽培。

玫瑰茄是传统的药食两用植物，国外民间很早就将其泡饮，用于消除疲劳、清热解暑。我国玫瑰茄的应用历史相对较短。《傣医药》记载："花萼，酸，凉。清热解渴，敛肺止咳。用于高血压症、咳嗽、中暑、酒醉。"玫瑰茄富含的花青苷、木槿酸、维生素、氨基酸、多糖、多酚、黄酮等生物活性成分，除可消除疲劳、清热解暑外，还具有降血压、平喘、解毒、利尿，以及治疗心脏病、神经疾病和癌症等多种药理作用和医疗用途。由于其颜色鲜亮、营养丰富、功能独特，近年来玫瑰茄受到越来越多的关注，逐渐掀起研究开发玫瑰茄的热潮。

①在医药上的加工应用。玫瑰茄具有较高的医疗保健价值，其花萼、叶片、种子均可入药。玫瑰茄花萼水浸液具有清热解毒、开胃、止咳、解氯气中毒及降血压等功效；玫瑰茄籽具有缓泻、利尿之药效，而且玫瑰茄籽油脂无毒、无异味，是冠心病和动脉硬化病人的理想食物；玫瑰茄叶和花可治疗疮和疖肿等。此外，玫瑰茄提取物中的木槿酸，被认为对治疗心脏病、高血压、动脉硬化等病有一定疗效，对肠、子宫肌肉有解痉作用，同时还有驱虫作用，并能促进胆汁分泌，降低血液浓度，刺激肠壁蠕动。临床试验还显示，饮用玫瑰茄一定疗程，患者在3个月后进行检查，其总胆固醇值平均降低了35.4%，甘油三酯值降低了18.9%，而有"清通卡"美称的高密度脂蛋白却增加了10%，证明玫瑰茄具有清除胆固醇的能力，还具有减肥等功效。

在埃及，人们将玫瑰茄广泛用于治疗心脏和神经类的疾病；在印度，人们将玫瑰茄花萼、种子、叶片作为利尿、抗坏血病等药物；在塞内加尔，玫瑰茄被推荐为杀菌剂、驱肠虫剂和降血压剂。我国厦门的中药厂利用玫瑰茄制成了"玫瑰茄冲剂"，该药剂具有清凉解暑、止咳消炎、解毒降压等功效。

②在食品工业上的应用。除具有较高的医疗保健作用，玫瑰茄还作为天然色素和食

用原料被广泛应用于食品领域，用于生产蜜饯、果酱、冰糕、罐头、果馅、茶品、果酒及其他饮料等多种产品。近年来，美国、德国每年进口2 000～3 000吨玫瑰茄花干花萼用于加工保健饮料，其他国家和地区也时有进口，将其用于食品饮料生产。

　　玫瑰茄茶饮和酒品受到市场的广泛认可。玫瑰茄速溶茶（图2-133）及与火龙果等水果复配的纤体果茶，富含有机酸、黄酮等活性成分，冲调后色泽鲜艳、酸甜爽口，有清热解暑、消脂瘦身之功效，成为夏季解暑、日常保健瘦身不错的选择。玫瑰茄调配酒（图2-134）充分融合了玫瑰茄的天然风味与中国传统白酒的香型，有效保持了玫瑰茄的天然色泽和风味成分，酸、甜、香、色相互协调。

图2-133　玫瑰茄速溶茶

图2-134　玫瑰茄调配酒

　　玫瑰茄因富含花青素而具有类似于玫瑰的鲜艳色泽，是为数不多的天然红色食用色素。玫瑰茄红色素在常规条件下较为稳定，已作为一种红色着色剂，广泛应用于果冻（图2-135）、果酱（图2-136）、软糖、汽水、果汁、配制酒、蜜饯、冰棒等食品的生产上。我国卫生部相关文件规定，在糖果、配制酒及其他饮料等食品中可不受限量使用玫瑰茄等天然着色剂。

图2-135　玫瑰茄果冻

图2-136　玫瑰茄果酱

玫瑰茄种子的含油量为18%～22%，粗蛋白含量为52%～82%，有待开发成食用油和蛋白补充剂。玫瑰茄枝干和枝条的外皮均含有丰富的纤维素，据测定枝干含纤维素58.82%，其拉力强度高于红麻、黄麻，因此可作为红麻、黄麻的代用品。玫瑰茄纤维中木质部分戊聚糖的含量高于竹子，而其木质素含量却低于竹子，用其为原料打成的纸浆可制作高质量书写与印刷用纸。此外，玫瑰茄的叶片还可用来当蔬菜，果实可作水果食用。玫瑰茄植株本身含肥分高，因此它也是一种优质、速生、高产的夏季绿肥。

三、认识新面孔：
精深加工新产品

（一）常见热带水果的新花样

地球上南北回归线之间的地带称为热带，东南亚、南亚，以及南美洲的亚马孙河流域、非洲的刚果河流域、几内亚湾沿岸等地分布于热带区域。适于热带地区栽培的各类水果统称为热带水果，如香蕉、菠萝、火龙果、芒果、荔枝、龙眼、番木瓜、番石榴等（图3-1）。我国的热带近50万平方千米，主要分布于海南、云南、广东、广西、福建、台湾等省份和湖南、四川、贵州、江西等部分地区。热带地区全年高温多雨，长夏少冬，适宜热带作物生长，是我国热带果蔬的主要产地，具有"冬季的果盘子和菜篮子"之称。

由于高温高湿天气，热带水果在采后的贮运过程中易迅速后熟、衰老、腐败，易受多种致病菌的感染而损失严重。据统计，我国的热带果蔬产后损耗率高达25%，严重的可达到40%，远高于发达国家水平，全国农产品产后产值与采收时自然产值之比仅为0.38∶1。因此，热带作物产品加工是增产、增收、增值的有效途径。

热带水果种类繁多，风味独特，有许多珍奇异果。以热带水果为原料可以加工成各种琳琅满目的产品。一些常见水果的加工技术近年来也有了新的发展。

1. 火龙果的新面孔

火龙果，学名为量天尺，与仙人掌是"远房亲戚"。火龙果因外表肉质鳞片酷似龙鳞而得此商品名，是热带重要的水果。

火龙果属攀缘肉质灌木，具气根。分枝多数延伸，叶片棱常翅状，边缘波状或圆齿状，深绿色；花漏斗状，常于夜间开放；浆果红色，长球形，果脐小，果肉白色或红色，

图3-1　几种热带水果

采摘时应用剪刀等工具从肉质茎上将其剪下（火龙果种植园见图3-2，火龙果花蕾见图3-3，火龙果夜间开花见图3-4，火龙果嫩果见图3-5，火龙果熟果见图3-6，火龙果采摘见图3-7）。

图3-2　火龙果种植园

图3-3　火龙果花蕾

图3-4 火龙果夜间开花

图3-5 火龙果嫩果

图3-6 火龙果熟果

（图3-2至图3-6由湛江市永恒农业科技有限公司提供）

火龙果营养丰富，含有一般植物少有的植物性白蛋白以及甜菜苷、维生素和水溶性膳食纤维。其含有的天然活性色素一直深受食品、保健品、化妆品等领域的关注（红心火龙果见图3-8）；其果茎含有丰富的营养成分，具有特殊的生理功能，开发利用前景广阔，潜在价值高。火龙果茎提凝胶所含有的维生素E和植物甾醇是日用化妆品工业的常用原料，且该凝胶是从天然植物中提取的，安全无毒，绿色健康。

图3-7 火龙果采摘

图3-8 红心火龙果

火龙果以鲜食为主，是日常人们较为喜爱的水果之一。近年来，市场上陆续出现了针对火龙果本身特性研发的火龙果果粉、果冻、果茶、高品质发酵果酒、果醋、果干、果茎提取物面膜、化妆品、洗手液、沐浴露等产品。

（1）**发酵产品。**

①火龙果酒。火龙果经去皮、破碎、榨汁、成分调整等工艺后，采用酵母发酵，陈酿后即可获得醇厚丰满、果香馥郁的火龙果酒（图3-9）。该产品呈深紫红色，颜色靓丽，澄清，香气纯正，玫瑰花、紫罗兰香气突出，还带有些许桑葚的香气，口感润滑，酸度宜人。

除保持水果原有风味物质和营养成分外，火龙果酒在发酵过程中还产生了大量有益成分。研究表明，火龙果酒中含有糖、有机酸、氨基酸、维生素、无机盐等200多种对人体有益的营养物质。火龙果酒中丰富的花青素具有抗氧化、防衰老、预防冠心病、防癌抗癌的作用；单宁能够增加肠道肌肉系统中的平滑肌纤维的收缩性，有利于缓解结肠炎。适量饮用火龙果酒能够给人以舒适、愉快的感觉，对于那些由于焦虑而受神经官能症折磨的人，饮用少量的火龙果酒可使其平复心情，避免服用有副作用的镇静剂。

② 火龙果发酵饮料和火龙果酸奶。选取品质优良的火龙果，经冷榨、灭菌、利用益生植物乳杆菌及干酪乳杆菌发酵

图3-9　火龙果酒

可制得火龙果发酵饮料（图3-10）。本产品不仅保留了火龙果丰富的营养物质，通过益生菌发酵，更赋予了饮料丰富的有机酸、益生肽等益生因子，使产品能够提高人体免疫力，促进人体肠道菌群平衡，促进肠道蠕动，助消化，防止便秘，有效促进人体毒素的排出，延缓人体衰老。

早在5 000多年前，居住在土耳其高原的古代游牧民族就已经开始制作饮用酸奶了。现代，随着益生菌热潮的掀起，酸奶逐渐成为广受人们喜爱的健康饮品，风靡世界，不同风味的酸奶产品也陆续问世。火龙果酸奶（图3-11）是向牛奶中加入一定比例的火龙果汁后，经乳酸菌发酵而成的新型酸奶。酸奶在火龙果的配伍下，色泽更为艳丽诱人，口

图3-10　火龙果发酵饮料

味更加酸甜细滑，营养更加丰富，使人食欲倍增。酸奶在发酵过程中，微生物使奶中的糖、蛋白质被水解成为小分子（如半乳糖、乳酸、小的肽链和氨基酸等），同时在发酵过程中乳酸菌还可产生人体所必需的多种维生素，如维生素B_1、维生素B_2、维生素B_6、维生素B_{12}等。特别是对乳糖消化不良的人群，他们服用火龙果酸奶不会出现腹胀、气多或腹泻现象。鲜奶中的钙含量丰富，经发酵后，钙等矿物质都不发生变化，这些特性使火龙果酸奶更易消化和吸收，有效

图3-11　火龙果酸奶

提高了各种营养素在人体中的利用率，所以火龙果酸奶中的营养成分更容易被人体吸收。

③火龙果醋。早在夏朝时期，人们采用堆积野果自然发酵的方式酿酒，在此过程中，由于酒精在空气中被醋酸杆菌氧化成为醋酸，便酿成了我国最早的果醋。

近代，欧美、日本等发达国家纷纷推出特色果醋。以火龙果为原料，经酒精和醋酸发酵便可酿制独具特色的火龙果醋。火龙果醋呈深紫色，香气浓郁，富含丰富的有机酸以及人体所需的多种氨基酸、维生素及生物活性物质，能有效维持人体内的酸碱平衡，为色、香、味俱全的日常饮用佳品。

（2）休闲产品。

①火龙果汁。火龙果汁（图3-12）营养丰富，含有大量的天然色素甜菜苷，有助于皮肤美白、消除面部色素沉着、延缓衰老；还有助于润肺止咳、健脾开胃、增加食欲。将火龙果与菠萝、百香果等其他水果进行复配，可开发出风味各异的复合果汁产品。

②火龙果冻干脆片。火龙果冻干脆片（图3-13）是采用真空冷冻干燥技术制成的。与热风烘干的火龙果片相比，火龙果冻干脆片营养流失少，维生素和花青素得到更多的保留。经实验证明冻干火龙果片保留了原果的糖酸比例，口感清新，香气芬芳，沁人心脾，营养丰富，是一种新兴的纯天然健康食品。

图3-12 火龙果汁　　　　　　　　　　　图3-13 火龙果冻干脆片

③火龙果粉。火龙果粉是将新鲜火龙果干燥加工制成的粉状产品，能较好地保留火龙果原有营养成分和生物活性物质。火龙果所含的甜菜红素在水溶液中极不稳定，可自发转化为甜菜黄素而失去活性，但将火龙果加工成果粉后，其所含的甜菜红素可在密闭条件下保持4～5年不褪色、不失活。

作为一种干燥型果粉，火龙果粉具有果蔬粉独特的特点和优势。一是贮藏稳定性好。火龙果粉能有效抑制微生物的繁殖，从而有利于贮藏，保质期长。二是运输成本低。火龙果干燥制粉后体积减小，质量减轻，大大降低运输费用。三是实现高效综合利用。火龙果粉对原料大小、形状等的要求较低，并且还可对富含活性因子的大量火龙果加工副产物进行制粉处理。

因具有诱人的色泽和良好的营养加工特性，火龙果粉被广泛应用于蛋糕、甜点、冰激凌、糖果、保健品、化妆品等食品或化工行业中（图3-14）。目前，市场上火龙果粉日

图3-14　火龙果粉及其应用

益增多，人们研发出了适用于不同用途、具有不同溶解效果的火龙果粉。

④火龙果茶。我国的茶文化历史悠久。从唐朝茶圣陆羽的《茶经》到当代茶圣吴觉农的茶学思想，从法门寺的茶道到中国茶叶学会成立，都证明了茶对于国人的重要性。

近年来，茶已作为饮料被广为开发，并出现了与水果相配伍的新型茶品，它便是果茶。火龙果茶因含有丰富的甜菜红素而具有艳丽的色泽。根据其富含营养、有利于减肥、降脂、抗癌、抗氧化、舒张血管、促进消化、促进血液循环等特性，已有系列火龙果果茶产品，如富含维生素、矿物质、火龙果风味浓郁的火龙果原味果茶，与玫瑰茄复配增强降脂减肥效果的火龙果纤体果茶，与红茶复配增强消化功能的火龙果红茶，与百香果复配增强美容养颜、滋补强身功能的火龙果百香果茶等。同时火龙果花有明目、降压、止咳清火的功效，能与菊花复配。结合天然调味技术，人们开发出了火龙果花茶（火龙果五色果茶冲调效果见图3-15）。

⑤火龙果果冻。果冻属于大众休闲食品，深受儿童及年轻消费者的喜爱，但往往也被贴上"无营养、垃圾食品"等标签，因此，改变大众传统观点和寻求特殊卖点是果冻产品亟待解决的问题。将火龙果汁运用到果冻生产中，开发微囊增香新型火龙果果冻（图3-16），既保留火龙果本身的丰富营养，又增加了天然香气，丰富了果冻产品的价值，提升了产品的食用感受。

⑥火龙果酱。果酱是一种人们喜爱的佐餐料食品。果酱能促进消化液分泌，增强食欲，帮助消化。随着人们生活水平的提高，安全、天然、营养的食品备受青睐。火龙果

火龙果原味果茶　火龙果纤体果茶　火龙果红茶　火龙果百香果茶　火龙果花茶

图3-15　火龙果五色果茶冲调效果

酱（图3-17）富含花青素、甜菜红素、膳食纤维、维生素等活性物质，呈现靓丽的颜色，是月饼、面包等糕点的优良馅料。

图3-16　火龙果果冻

图3-17　火龙果酱

　　⑦火龙果干花。火龙果花富含花青素、植物蛋白、低聚糖、水溶性膳食纤维和多种维生素，具有明目、降火、预防高血压的功效。火龙果花朵和茎因渗透压极低而具备独特的黏液，其中含有大量药效显著的活性物质，火龙果的花可清火、润肺、止咳，对肺结核、支气管炎、颈部淋巴结核有辅助治疗作用。通过低温干燥制得的火龙果干花（图3-18）适合日常泡水、煮汤饮用。

　　（3）**主食化产品**。火龙果面条（图3-19）、火龙果年糕（图3-20）、火龙果面疙瘩。

　　随着人们对健康和产品多样性需求的日益增加，当前主食化产品的功能单一化、产品类型偏少等问题逐渐突出。在传统面条、年糕和面疙瘩的制作过程中加入火龙果汁，能增加面食产品的色泽，使其具有火龙果美丽的红色与果香，食用方便，营养丰富，含有丰富的蛋白质、脂肪、糖类等，易于消化吸收；有助于改善贫血，增强免疫力，平衡营养吸收等。

　　（4）**火龙果日化用品**。

　　①火龙果茎。火龙果茎含有丰富的营养成分，具有特殊的生理功能，其开发利用前景广阔，潜在价值高。

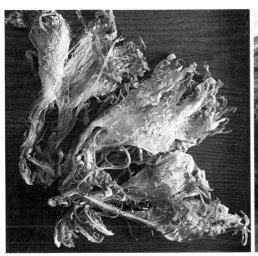

图3-18　火龙果干花

（图由浙江米果果生态农业集团有限公司提供）

图3-19　火龙果面条　　　　　　　　　　图3-20　火龙果年糕

（图3-19、图3-20由浙江米果果生态农业集团有限公司提供）

　　火龙果茎提物凝胶所含的维生素E和植物甾醇是日用化妆品工业中常用的原料。利用火龙果开发的日化用品，具有安全无毒、绿色健康的优势，人们已研发出火龙果茎提物凝胶面膜、化妆水、乳液、霜、洗手液、沐浴露、洗发露等系列日化产品（火龙果茎提物面膜、保湿凝露、乳液见图3-21）。

　　火龙果茎提物凝胶面膜富含植物多糖、多种矿物质元素、维生素E和甾醇等，能使肌肤补水保湿、收敛毛孔、紧致提升，令肌肤润滑、富有弹性。火龙果沐浴露能滋润舒缓肌肤，达到深层清洁的效果。火龙果茎提物保湿凝露、乳液中所含的维生素E对皮肤有良好的抗氧化、抗炎效果，能增强皮肤的免疫能力，延缓皮肤衰老。

　　②火龙果籽。火龙果籽中含有30%火龙果籽油，该油中富含75%的不饱和脂肪酸，是一种极优质的植物性油脂，不仅可作为天然植物食用油使用，精炼后还可作为日化用

图 3-21　火龙果茎提物面膜、保湿凝露、乳液

图 3-22　火龙果籽油系列产品

品基础油使用，其产品具有广阔的前景，制成的唇膏、沐浴露、手工皂、洗手液、护手霜等系列产品（图3-22）具有良好的保湿、滋润功效。火龙果唇膏因含有火龙果自身的鲜艳色泽，避免了化学色素的添加，品质柔润，散发自然光泽，持久显色，能轻松勾勒出精致的唇妆。

2.菠萝的新利用

菠萝（图3-23），又名凤梨、黄梨，为多年生常绿草本植物，我国年均产量高达140多万吨，菠萝与香蕉、椰子、芒果并列为热带四大名果，是我国最具东南亚热带特色和优势的热带果品之一。

图3-23　菠　萝

菠萝果实品质优良，营养丰富，含有大量的蛋白质、膳食纤维、维生素，以及铁、磷、钙、镁、钾等矿物质元素等营养物质。菠萝中的蛋白酶具有助消化、治疗支气管炎、利尿等功效，并对预防血管硬化及冠状动脉性心脏病有一定的作用。菠萝中所含的糖、盐类和酶有利尿作用，适当食用对肾炎、高血压患者有益。菠萝的营养价值见表3-1。

表3-1　菠萝的营养价值

项　目	含　量	项　目	含　量	项　目	含　量
热量/千焦	175.56	钙/（毫克/100克）	18.00	维生素A/（微克/100克）	33.00
还原糖/（克/100克）	4.00	铁/（毫克/100克）	0.50	维生素B$_1$/（毫克/100克）	0.08
蔗糖/（克/100克）	6.14	磷/（毫克/100克）	28.00	维生素B$_2$/（毫克/100克）	0.02
蛋白质/（克/100克）	0.61	钾/（毫克/100克）	147.00	维生素B$_6$/（毫克/100克）	0.08
脂肪/（克/100克）	0.20	钠/（毫克/100克）	0.80	维生素C/（毫克/100克）	24.00
粗纤维/（克/100克）	1.75	铜/（毫克/100克）	0.07	叶酸/（微克/100克）	11.00
灰分/（克/100克）	0.35	镁/（毫克/100克）	8.00	泛酸/（毫克/100克）	0.28
有机酸/（克/100克）	0.63	锌/（毫克/100克）	0.14	烟酸/（毫克/100克）	0.20
		硒/（微克/100克）	0.24	生物素/（微克/100克）	51.00
				胡萝卜素/（毫克/100克）	0.08

注：数据来源于《热带作物产品加工原理与技术》。

目前，国际菠萝贸易以深加工产品为主。全世界生产的菠萝约有1/3用于加工，主要加工产品有菠萝罐头、浓缩果汁、非浓缩果汁、澄清果汁、干菠萝片、菠萝沙司、菠萝果酱、菠萝果冻、菠萝果卷、菠萝果酒和菠萝果醋等，近几年人们开发的速冻菠萝便利食品备受青睐。另外，菠萝加工的下脚料如果芯、菠萝皮、菠萝渣等也得到了综合利用，可制成菠萝汁、菠萝糖液、菠萝酒、柠檬酸、酒精、乳酸和菠萝蛋白酶等。我国菠萝加工业虽取得了一定进展，但全国超过90%的菠萝被用于鲜食，菠萝年加工量不足10%，菠萝加工产品的市场占有量小，缺口巨大。国内菠萝产业普遍存在加工滞后、规模偏小等问题，严重制约了菠萝产业的进一步发展，亟须走多元化发展之路。

（1）菠萝果肉加工产品。

①菠萝罐头。早期的菠萝罐头加工产品是解决新鲜菠萝滞销的主要手段之一（见图3-24）。菠萝罐头可在室温下长期保存，具有清胃解渴、健胃消食、补脾止泻的功效。因此，任何滞销的鲜果都优先想到制成水果罐头。随着近年品种筛选与罐头加工技术的发展，发现"无刺卡因""沙捞越""巴厘""红西班牙"和"皇后"等菠萝品种更适于制作罐头。菠萝罐头按固形物的形状，可分为圆片菠萝罐头、扇形块菠萝罐头、碎块菠萝罐头等。

图3-34　菠萝罐头
（图由广东南派食品有限公司提供）

②菠萝果粉（菠萝粉）。菠萝果粉色泽金黄，保留菠萝原有的营养风味和生物活性物质，是菠萝营养品质的浓缩。菠萝果粉具有清热解暑、补脾止泻等功效，既可以直接食用，也可以作为营养强化剂和食品调味剂，广泛应用于婴幼儿食品、营养保健品、固体饮料、乳饮料、方便食品、膨化食品、烘焙食品等领域，市场前景广阔。

采用连续化冷加工技术生产的菠萝果粉，解决了传统热喷雾干燥技术容易使果品功能组分失活、产品风味损失大、褐变严重等问题，同时避免真空冷冻干燥技术无法实现连续化、加工效率低、生产成本高等难题，果粉色泽天然，富含菠萝蛋白酶等活性物质成分，制成的压片糖方便携带和食用（菠萝果粉与菠萝果粉压片糖见图3-25）。

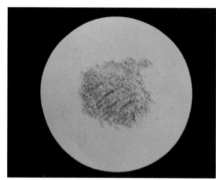

图3-25　菠萝果粉与菠萝果粉压片糖

③菠萝冻干脆片。在琳琅满目的食品柜台中，一种崭新的纯天然食品——果蔬脆片正在悄然流行，受到人们的青睐。它们有着天然的色泽和营养，诱人的风味和酥脆的口感，被食品界、营养界誉为"21世纪"的食品，菠萝冻干脆片（图3-26）便是果蔬脆片中的一员。菠萝冻干脆片采用速冻技术快速冻结菠萝果块中的水分，然后在高真空、低温条件下进行脱水制得，保持了菠萝的色、香、味、形及营养成分，是一种理想的天然健康食品。

图3-26　菠萝冻干脆片

④菠萝果汁（菠萝汁）。菠萝酸甜可口，香气浓郁，是果汁加工的良好原料，可根据需求将其加工成浓缩菠萝汁、非浓缩还原型果汁（图3-27）等多种产品。

浓缩菠萝汁去除了菠萝中大部分水分，极大地节约了果汁的运输成本，可用于菠萝汁产品的调配原料。其缺点是浓缩过程中部分风味、营养会有一定损失，口感难以与原果汁媲美。

非浓缩还原型菠萝果汁是将新鲜菠萝制汁后直接进行杀菌，不经过高温浓缩过程，很好地保留了果蔬的新鲜品质。该果汁有着"最少加工""营养最大保留"等优势、符合公众消费理念。

⑤菠萝酵素酸奶。当前国内酵素产业存在开发混乱、虚假宣传等乱象。针对目前酵素相关技术的缺乏，人们开创性地将酸奶发酵技术与酵素生产技术有机融合，结合天然菠萝果粉的香气，研发出了菠萝酵素酸奶产品（图3-28）。

图3-27　非浓缩还原型菠萝果汁　　　　图3-28　菠萝酵素酸奶产品

该产品严格控制发酵条件，三级联合发酵过程在低温条件下进行，可使菠萝香气、益生菌和酵素活性得到有效保留，集合了膳食纤维、维生素、酵素、益生菌等多种营养特点，是一类天然健康、营养美味的酵素产品，具有广阔的市场应用前景（菠萝酵素酸奶生产工艺流程见图3-29）。

⑥菠萝发酵果汁。目前，购买具有功能性的发酵食品与饮品正在成为全球一大消费趋势，消费者饮用益生菌发酵果蔬饮料不仅能获得益生菌的益生效果，还能补充大量维生素和植物纤维素，这对被"三高"、肥胖和心血管疾病困扰的人来说是个不错的选择。以菠萝为原料，经过专用益生菌发酵，可开发菠萝发酵果汁（图3-30）。该产品保留了原有菠萝的新鲜风味和丰富的营养物质，经过发酵又产生了大量酯类等芳香物质和乳酸、多肽、胞外多糖等多种益生物质。果汁与益生菌的完美融合，使得产品口感更加柔和、美味，营养更加丰富。

⑦菠萝酒。

A.菠萝果酒。菠萝果酒（图3-31）是以菠萝为原料，经发酵酿制而成的低酒精度饮料酒，此酒不仅具有菠萝独特的香气和风味，还保留了菠萝果实中部分营养成分，具有保健功效。采用独特的原料冷榨工艺获取果汁，辅助复合酶酶解降低果胶含量，选用特定酵母进行低温发酵，陈酿后可获得醇厚丰满、果香馥郁的菠萝果酒。

```
菠萝 → 预处理 → 风干 → 切分          菠萝
                              ↓        ↓
              白糖 ┄┄→ 配料          预处理
                              ↓        ↓
酵母菌种 → 活化 → 接种 → 一级发酵      打浆
                              ↓        ↓
醋酸菌种 → 活化 → 接种 → 二级发酵      均质
                              ↓        ↓
          白糖、乳粉 ┄┄→ 调配 ←┄┄┄ 干燥
                              ↓
乳酸菌种 → 活化 → 接种 → 三级发酵
                              ↓
                            包装
                              ↓
                            冷藏
```

图 3-29 菠萝酵素酸奶生产工艺流程

图 3-30 菠萝发酵果汁

（图由广东南派食品有限公司拍摄提供）

图 3-31 菠萝酒

B. 菠萝白兰地。白兰地起源于法国。可用夏朗德蒸馏器（图3-32）制作白兰地。早在中世纪，欧洲的炼金术师就发明了蒸馏的方法，将葡萄酒蒸馏成了酒精含量较高（>40°）的高度酒，蒸馏酒在当时主要作为医用的消毒试剂，帮助医生从死神手中拯救了许多可能因感染而死的生命，故被称为"生命之水"。

狭义上，白兰地仅指葡萄发酵后经蒸馏处理，并在容量为1 000升以下的橡木桶中存储陈化6个月以上而得到的含酒精饮品。广义上，水果发酵后再蒸馏，在橡木桶中经陈酿而成的酒精饮品即为白兰地。

菠萝白兰地（图3-33）酒液微金，酒体清澈，酒色透明，具有优雅的菠萝香，酒味

图 3-32　夏朗德蒸馏器

图 3-33　菠萝白兰地

醇厚、甘洌，口感纯爽，回味绵长，含有多种维生素及氨基酸等营养物质。该酒和同度数粮食酒相比，刺激感较低。

　　菠萝白兰地已被市场所接受，它与国外的"VO""VSOP""XO"属同一工艺类型，吸收了国外白兰地的工艺优势及优质菠萝原材料的特点，具有水果的芳香，酒质宜人（菠萝白兰地制作工艺见图3-34）。

菠萝 → 切分 → 打浆 → 调糖 → 发酵 → 蒸馏 → 复蒸

成品菠萝白兰地 ← 包装 ← 检验 ← 陈酿 ← 调配

图 3-34　菠萝白兰地制作工艺

　　⑧菠萝果醋（菠萝醋）。随着人们对健康的关注，"吃醋"成为现代人养生的一种饮食习惯。目前市面上醋饮以苹果醋、山楂醋居多，菠萝果醋（图3-35）产品极少。事实上，菠萝果醋具备菠萝独特的风味和口感，相较苹果醋别具一番风味。选用优质菠萝为原料，加入特定酵母，经固、液态联合发酵陈酿即可得到风味独特、营养丰富的菠萝果醋产品。该产品经特殊配方调制，既保留了菠萝的原本风味，又改良了发酵后留下的不适口感，

图 3-35　菠萝果醋

酸甜爽口，老少皆宜，且经过发酵提高了产品中的多种有机酸和人体必需氨基酸的含量，长期饮用能促进新陈代谢，消除疲劳，调节酸碱平衡。

　　（2）菠萝皮渣加工产品。

　　①菠萝蛋白酶。菠萝皮渣中含有大量的蛋白水解酶，即菠萝蛋白酶。菠萝若不用盐水浸泡直接食用之所以会使人感觉口腔刺激疼痛，就跟菠萝蛋白酶的强水解作用有关。

菠萝蛋白酶水解蛋白的活性比木瓜蛋白酶高出10倍以上。根据酶活性及用途可将菠萝蛋白酶分为药用级菠萝蛋白酶、食用级菠萝蛋白酶及饲料级菠萝蛋白酶，其中以药用级菠萝蛋白酶的酶含量最高。可通过亲核吸附技术实现高活性菠萝蛋白酶的分离提取。菠萝蛋白酶应用的主要行业见表3-2。

表3-2　菠萝蛋白酶应用的主要行业

应用行业	具体用途
食品	可使啤酒澄清，用于干酪生产、肉质嫩化、水解蛋白等
化妆品	皮肤斑点和粉刺的去除，牙齿美白，面部清洁等
医药	防治心血管疾病，起消炎作用，抑制肿瘤细胞的生长，治疗烧伤脱痂，增进药物吸收等
纺织品	用于羊毛、蚕茧脱胶及丝绸精制等
皮革	用于脱毛等
化学	降低废水黏度，制备生物活性肽等
动物饲料	提高蛋白质的利用率和转化率，拓展蛋白来源等

A.菠萝蛋白酶泡腾片（图3-36）。将菠萝蛋白酶浓缩液在保护状态下进行干燥，从而得到高活性蛋白酶粉，经过压片加工即可制成菠萝蛋白酶泡腾片。该产品在冷水或温水中均可溶解，菠萝蛋白酶活性得以较好保留，方便携带运输，轻松溶解即可服用，是一种前景广阔的功能性休闲食品。

B.菠萝蛋白酶日化品。菠萝蛋白酶具有嫩肤、美白、去斑的优异功效。采用高活性菠萝蛋白酶分离提取技术，再结合现代工艺，开发出系列日化用品，与市售产品相比，该类产品在美白、嫩肤、祛斑等方面效果显著，市场前景广阔。

②菠萝皮渣发酵饲料。目前，菠萝除了鲜食以外，主要的商品化产品是菠萝汁

图3-36　菠萝蛋白酶泡腾片

和菠萝罐头。但在制作菠萝罐头时，大约只利用了40%的果肉，剩下的不规则碎果肉、果芯、果眼以及菠萝在削皮、修整和切片时产生的自流汁高达50%～60%。菠萝皮渣仍然含有丰富的营养物质，菠萝皮渣中粗蛋白和灰分的含量分别是果肉的2.5倍和3.0倍。此外，菠萝皮渣中还含有菠萝蛋白酶、维生素、果糖等可溶性营养成分。以菠萝加工副产物（主要是皮渣）为主要原料，辅以配料，优选植物乳杆菌、枯草芽孢杆菌、地衣芽

孢杆菌和酿酒酵母等组成的复合菌种发酵而成的高蛋白畜禽饲料，具有适口性好、营养效价高、抗病能力强、成本低廉等特点（菠萝皮渣发酵饲料见图3-37）。

图3-37　菠萝皮渣发酵饲料

（3）菠萝叶加工产品。

①菠萝叶纤维功能性纺织品。菠萝叶纤维是一种吸放湿性强、导热性好，且具有杀菌、除异味和驱螨性能的天然纤维，对其精细化加工后可制成功能优异的纺织品。利用菠萝叶纤维已开发出菠萝叶原纤维、工艺纤维和纱线等半成品，以及袜子、T恤衫、毛巾内衣、凉席、鞋垫等菠萝叶纤维功能性纺织品（图3-38），实现了纤维纺织产品的商品化。

图3-38　菠萝叶纤维功能性纺织品

②菠萝叶渣饲料（图3-39）、有机肥。菠萝叶渣营养丰富，适口性好，容易被消化，可直接饲喂家禽、牲畜，也可作微贮饲料或青贮饲料。用其饲喂奶牛，可以提高奶牛的产奶量和牛乳品质；用其饲喂猪，可以提升猪肉的肌内脂肪含量，增加猪肉嫩度，提高肉质风味。

菠萝叶渣直接堆沤即可生产菠萝叶渣有机肥（图3-40），此法简单实用，肥效好，有

图3-39　菠萝叶渣饲料

图3-40　菠萝叶渣有机肥

机肥易于作物吸收。用菠萝叶渣有机肥种植蔬菜，蔬菜产量提高6%以上，收获时间提前2～3天。

（二）热带香料

热带香料种类繁多，在香料香精工业所占比重大，被广泛用于食品、日用化学品、化妆品甚至医药品行业中，是人民群众生活中不可缺少的物品。

1. 名贵香料

沉香、降真香和黄花梨是我国热带地区独具特色的名贵木材，香味较浓且清幽温雅。沉香对人体具有多重功效，可以舒缓压力、安眠抗郁、调理身心和促进身体新陈代谢等。降真香自唐、宋以来，在我国宗教以及香文化中占重要的位置，道观及达官贵人常使用降真香进行宗教祭祀仪式。黄花梨是珍贵的木材名，也是中药，可用其提取精油。该精油香味浓郁，清幽温雅，具有良好的保健功效。我国科研人员依靠资源优势，进行潜心研究，使热带名贵精油如沉香精油、降真香精油、黄花梨精油等得以快速发展。

（1）沉香。在传统香文化中最受推崇的是沉香（图3-41）。据史书记载，沉香在唐朝就传入广东，在宋朝已被普遍种植（沉香木植物见图3-42）。沉香香品高雅，十分难得，被称为我国四大名香之首（其余为檀香、龙涎香、麝香）。

我国沉香主要分布于广东、广西、云南、福建等省份。东南亚国家以印度尼西亚、马来西亚、新加坡所产的沉香（新州香）质量最佳。当沉香木植物（图3-42）树心部位受到外伤或受到真红油菌感染刺激后，会分泌大量树脂帮助其愈合，在此过程中产生浓郁香气的组织物

图3-41　沉　香

即为沉香。

在早期，古人通过密度大小将沉香的品质进行分级：入水即沉的，名为"沉水香"，品质最好；入水沉，但不到底的，名为"栈香"（读作"煎香"），品质次之；入水不沉、漂在水面上的，名为"黄熟香"，品质最差。

古人曾对沉香进行这样的描述："美香其木，天地养之，日月育之，生长数百年，埋腐数十又百年，其味往往不能再得。"

①沉香精油。沉香被称为植物钻石、神木舍利。而沉香精油古已有之，并且一直深受中东贵族的钟爱。沉香精油作为涂香，代表清净之意，能清除染垢污秽，用于祭祀礼拜，供养法器；还可用于人们沐浴涂香，或将沉香精油置于随身佩戴的熏香之物或香囊

图3-42　沉香木植物

中。使用沉香精油是皇室贵族的身份象征。国际一等的沉香精油，又被誉为"液态黄金"。

沉香精油对人体有着多重功效，例如舒缓压力、安眠、抗抑郁、调理身心和促进身体新陈代谢等。在泡脚的热水中滴入几滴沉香精油，可以达到活血化瘀、疏通经络的目的，还能达到去除脚气、脚臭的效果。由于天然沉香的不可再生性，提炼后的沉香精油就更显得稀有和珍贵。

随着现代科学技术的发展，通过先进的超临界二氧化碳萃取技术结合分子蒸馏技术，人们进行高效萃取，低温分离所制成的沉香精油（图3-43）保留了沉香原有的活性组分和香气组分，香味自然浓郁。沉香精油富含苄基丙酮、沉香螺旋醇、白木香醛、愈创木醇及大量的色酮，对人体十分有益。

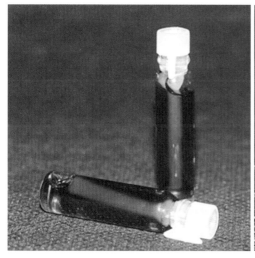

图3-43　超临界二氧化碳萃取技术结合分子蒸馏技术制得的沉香精油

②沉香产品鉴伪数据库。沉香精油是由珍贵的沉香经过萃取后提炼而成的，是高浓缩的沉香精华所在。另外，沉香精油也是制造高级香水、化妆品等的重要原料。

名香昂贵，造假者和掺假者极大地干扰了沉香市场的有序性，并影响了沉香产业的健康发展。因此，为了打击造假或者掺假行为，现代化沉香木标准化数据库的建立显得尤为重要。沉香木标准化数据库是根据热裂解气相色谱质谱建立的，利用质谱的高度专一性，收集每种沉香木的特有数据。该数据库具有高度的识别特性，能快速鉴别沉香木的类型及真假，进行数字化鉴定（图3-44），未知样品沉香木通过仪器分析后得到的质谱图，经过与数据库已有沉香木比对，未知样品与agilawood-1样品相似度达到76%，即可认定未知样品为agilawood-1沉香木。基于这项技术，利用鉴伪数据库，能够很快鉴别沉香产品的真伪。

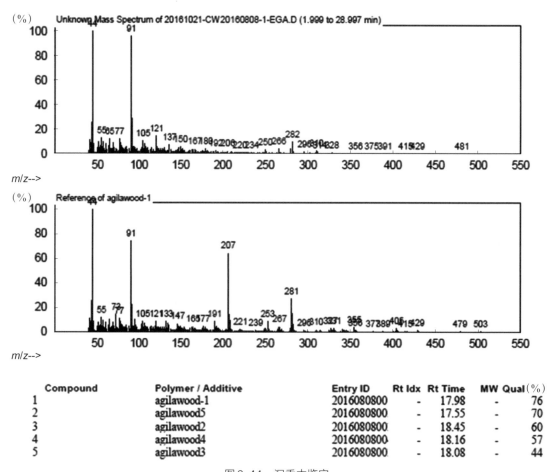

Compound	Polymer / Additive	Entry ID	Rt Idx	Rt Time	MW	Qual(%)
1	agilawood-1	2016080800	-	17.98	-	76
2	agilawood5	2016080800	-	17.55	-	70
3	agilawood2	2016080800	-	18.45	-	60
4	agilawood4	2016080800	-	18.16	-	57
5	agilawood3	2016080800	-	18.08	-	44

图3-44 沉香木鉴定

③沉香叶速溶茶。沉香叶，为近年新晋的新食品资源。目前对于沉香叶的应用，主要集中在粗提物利用和粗加工沉香茶等产品，高附加值产品较少。通过采用温度控制萃

取浓缩结合低温薄膜干燥工艺，保留沉香叶中的有效成分，并辅以牛大力、菊花、甘草等制备得到沉香叶速溶茶（图3-45）。长期饮用此茶有助于润肺止咳、美容养颜、改善睡眠，利于清热排毒，辅助降血脂血糖等，同时对腰肌劳损、风湿性关节炎也有一定帮助，有效提高了沉香叶的附加值。

④日化品。在提取沉香精油时，可同时分馏提取沉香纯露。通过加入天然纳米纤维素到天丝基布中，使天然纳米纤维素具有高效保湿功能，可长时间锁住水分，达到长效保湿效果。运用本技术研发的沉香面膜（图3-46）及其他护肤品有助于皮肤紧致，使皮肤润透亮滑，具有保湿补水等功效。

图3-45　沉香叶速溶茶

图3-46　沉香面膜

（2）**降真香**。降真香，又名降香、鸡骨香、降真等。来源于豆科植物降香属含有树脂的木材。当降真香树木受到环境因素（如纬度、土壤、气候、地形）或外力（如风、雨、雷、电及虫、蚁、鸟、兽）侵袭感染时，树木会启动"愈伤"程序，形成油脂固态凝聚物，修复伤口。时间越久，油脂密度越高。降真香树木主产于海南。

自唐宋以来，降真香在宗教、香文化中占有重要的位置，古人对降真香的利用基本与沉香、檀香并驱，由于其产量稀少，当时只有贵族可以接触和拥有。

降真香精油（图3-47）具有理气止血、行瘀定痛、消肿生肌的功效。由于其结香时间漫长，产量稀少，因此更显得珍贵。

随着现代科学技术的发展，降真香精油采用现代超临界二氧化碳萃取技术结合低温分离技术提取，所得降真香精油品质高，留香持久。与传统有机溶剂提取技术和蒸馏提取技术相比，采用二氧化碳萃取技术结合低温分离技术提取降真香精油绿色安全、无溶剂残留、全程低温，可保证

图3-47　降真香精油

精油的香味及活性物质的稳定性。降真香精油中含有丰富的榄香素、美迪紫檀素等倍半萜和色酮类化合物，有助于舒缓心情，降低血压。

（3）黄花梨。黄花梨，学名降香黄檀，又称海南黄檀、海南黄花梨、花梨。黄花梨来源于豆科黄檀属降香，原产于我国海南。因其木质坚实，花纹漂亮，与紫檀木、鸡翅木、铁力木并称中国古代四大名木，可制作高档名贵家具。

黄花梨精油（图3-48）取自黄花梨木的树干和根部的芯材部分，是黄花梨木的精华所在，黄花梨精油采用新型分离提取技术，浓缩有效组分而得，纯度高，天然安全。黄花梨精油具有促进皮肤组织再生、增强皮肤弹性，祛皱美白、缓解咳嗽及感冒、治疗哮喘、防治鼻窦炎、缓解头痛及神经紧张、治疗支气管疾病的功效。

图3-48　黄花梨精油

（4）名香精油微胶囊。名香精油微胶囊（图3-49、图3-50）采用纳米纤维素作为壁材，通过微胶囊化技术固定制备而成，所得微胶囊包埋率高，包埋效果好，漏油率低，香味保存效果佳，能长时间保存香味。本品可用于香熏或用作含香产品原料。

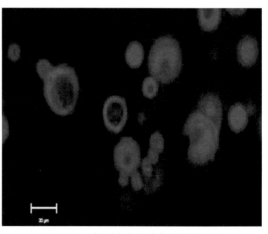

图3-49　名香精油微胶囊　　　　　图3-50　名香精油微胶囊激光扫描图

（5）**名香超微粉**。运用超微粉碎技术对沉香木等名香木材进行预处理，破坏其纤维组织结构，得到名香超微粉。本产品粒度可达微米级别，有效提升其加工与利用效率（图3-51）。

（6）**名香线香**。现代名香线香是采用纳米纤维素技术与精油微胶囊化技术固定沉香精油、降真香精油等名贵精油所得。采用新技术生产的线香留香时间明显长于普通线香，燃烧烟气中淡雅的香料味道散发得更持久，香味更温和。

沉香线香燃烧的烟气中含有丰富的沉香螺旋醇、白木香醛等主要功能成分，该烟气具有行气止痛、温中止呕、纳气平喘的功效，同时

图3-51　名香超微粉

还可以安神助眠，提高机体免疫力，缓解头痛；降真香线香的烟气中含有大量的榄香素和美迪紫檀素，燃熏烟气具有舒缓心情、降低血压、杀菌抗癌等功效。名香线香还具有除菌、改善空气质量等功效。

2. 食用香料

中国的饮食文化从另一个角度来说也穿插着食用香料的文化。中国南北方饮食差异巨大，具有辣味的菜深受食客的欢迎，在湖南、湖北、四川、贵州等地区更是无辣不欢，辣椒传入中国大约是在明朝末年，直至清朝中后期，全国人民才开始吃辣椒。在没有辣椒的岁月里，是什么"辣味"吸引着大家呢？

（1）**花椒**。花椒是中国古代最重要的食用香料，与姜、茱萸是中国民间三大辛辣调料，花椒、姜和茱萸被称为"三香"，花椒为"三香"之首。最开始花椒并非用于食用，而是作为敬神的香物，直至战国时期，《离骚》中出现了"巫咸将夕降兮，怀椒糈而要之"的记载，意为巫咸神将于今晚降临，我准备用花椒饭来供奉他——这说明战国时期花椒已被用作食用香料了。楚人还以花椒入酒，制成的椒柏酒，名满天下。

先秦以后，历朝历代都用花椒作调料。据史料记载，唐代花椒入菜的比例高达37%，到明代，仅宫廷一年采办的花椒就达4 000千克，可见花椒对中国饮食的影响之大。

中国花椒属有39个种14个变种，分布范围广，北至辽东半岛，南至海南岛、台湾，西藏地区也有分布。花椒一般从颜色上分为红椒和青椒，红椒中较著名的是大红袍，青椒中较著名的是九叶青（图3-52）。

图3-52 花椒（左为大红袍，右为九叶青）

小贴士：

　　花椒树结实累累，是子孙繁衍的象征，故《诗经·唐风》称："椒聊之实，藩衍盈升。班固《西都赋》记载"后宫则有掖庭椒房，后妃之室"，意思是皇帝的妃子用花椒泥涂抹自己的住宅，这就是所谓的"椒房"，其寓意为皇子们能像花椒树一样旺盛。

　　直至20世纪70年代末，花椒产品仍然以干制果皮为主，或加工成粉与其他食用香料调配入菜，基本没有深加工，产品附加值很低。我国出口的干花椒约占全国花椒产量的1/4，其中部分产品被加工增值后返销回国。我国作为花椒产量第一的大国，成了国外加工企业的廉价原料供给基地。随着国家对花椒产业的重视，以及科学技术的发展，花椒的提取浓缩、调味料的改型、种子油副产物的利用、保鲜剂的研发、精油的利用、生物杀虫剂的试用、日化洗护产品的应用，以及抗菌消炎药乃至抗癌等药物的研制，逐渐拓宽了花椒深加工的工艺和技术。

　　花椒具有良好的祛湿、温中、杀菌功效，带有特殊的香味。花椒洗护用品（图3-53至图3-56）富含花椒提取物和精油，在使用过程中，可以柔和地清除油污，防止毛囊阻塞，舒缓干燥不适的皮肤，增强肌肤活力，还能有效洗除皮肤表面的致病菌。

图3-53 含花椒提取物的沐浴露　　　　　　图3-54 含花椒提取物的洗发水

图3-55　花椒洗手液

图3-56　花椒护手霜

推广花椒精深加工产业技术，不仅能增强地方经济实力，更重要的是可以稳定和提高花椒的效益，使椒农享有长期经济来源，保护社会经济环境。

（2）**胡椒**。除了"三香"之外，胡椒在中国古代也是重要的辣味来源，只不过在明清以前，胡椒相当贵重，对大多数普通百姓来说，胡椒还是个罕见的食材。

胡椒原产于缅甸和印度阿萨姆，在中世纪，欧洲的胡椒曾经和黄金等值，这主要是由于胡椒是欧洲上流社会不可缺少的香料，但本土无法种植，全部依赖进口，运输路途遥远，运费高昂，再加上转手层层加价，价格自然昂贵。

胡椒在汉晋南北朝时期传入中国，刚开始作为药用。唐代食谱中出现了胡椒，但因胡椒产量太小，仍然显得特别珍贵。直至宋代，海运发达，胡椒被大量进口，至此，普通人在款待贵客时候才可以将胡椒放入食材中使用。明清后，胡椒就是普通百姓的日用之物了。

胡椒的生长需要丰富的降水和高温条件。在被引入中国之前，胡椒生长在印度、印度尼西亚和巴西等热带地区。胡椒被带到中国后，主要在海南、云南、广东、广西和福建等热带地区和种植，年降水量在2 500毫升以上才能满足它的生长需要。

在我们的日常饮食中，胡椒扮演着一个重要的角色。它能刺激人们味蕾，是让人们垂涎三尺的胡辣汤中必备的材料，是牛排上散发诱人芳香的调味品。

通常，传统的胡椒加工，是干燥成干制品。产品主要有两种，一种是黑胡椒，另一种是"白胡椒"。

①黑胡椒。黑胡椒是胡椒果（图3-57）在还没有成熟前就被摘下来进行制作的产品。将胡椒果在开水中浸泡5～6分钟，捞出，沥干水分，进行干燥，将干燥完成的黑褐色胡椒果表皮搓掉，黑胡椒的生产即大功告成。如用阳光晒干，

图3-57　胡椒果

（图由中国热带农业科学院香料饮料研究所提供）

在完全晴好的天气情况下约需5天时间。

干燥是整个黑胡椒制作过程中的一个重要步骤，直接影响产品的品质。因此黑胡椒干燥时要确保干燥均匀，防止返潮发霉，烘干的温度以50～60℃为宜，分阶段进行烘干，水分含量控制在12%以内。

②白胡椒。白胡椒的制作过程相对黑胡椒要复杂一些，在干燥前胡椒果要经历浸泡、脱皮处理。采摘好的成熟胡椒穗，首先要在流动的水中浸泡10天左右，直至果肉腐烂，然后再用力冲洗，或以辅助工具除去胡椒的皮、肉、梗等杂质。使用流动的水浸泡，主要是为了保持白胡椒干燥后的洁白和清香。

胡椒脱皮的过程颇为重要，目前有机械脱皮法、微生物法、酶法等。接下来白胡椒和黑胡椒一样，需进行干燥。干燥温度以50～55℃为宜，约10小时即可烘一个批次，等同于用阳光暴晒5天，最终将产品的水分活度控制在12%以内。白胡椒烘好后，再经去杂，真空包装储存。

（3）高良姜。高良姜，一个和生姜同属姜科的热带香辛料作物，与生姜的外形十分相似，但不同于生姜。目前对高良姜的利用，更多的是其药用价值，或将其作为混合香料中的配料。据考证，在古代高良姜被称为杜若，在屈原笔下杜若被借喻表达一种美好品质。"高良姜"这个名称首载于西汉末年的《名医别录》，被列为药材的中品。在西汉的马王堆汉墓一号墓中出土的大量植物样本中包括高良姜、茅香、桂皮、花椒、辛夷等中药材，据此可推测高良姜在当时的王室中已经较为常用。

高良姜性喜高温高湿，在我国主要分布于广东、广西、海南、云南及台湾等低纬度地区。

①采收。

A.采收时间。高良姜野生品全年均可采收，栽培种植4～6年后可收获，但5～6年时产量更高，质量更好，此时根茎中所含粉质多，气味浓。通常在4～6月或10～12月选择晴天采挖根茎。通常每亩可产鲜品2 000～3 000千克。

B.采收方法。先割除地上部分茎、叶，然后用犁深翻，把根状茎逐一挖起进行收集。

②加工技术。将收获的根茎，除去地上部分、泥土、须根及鳞片，选取老根茎，截成5～6厘米长的小段，洗净，切段，置烈日下晒干。在晒至六七成干时，堆在一起闷放2～3天，再晒至全干，此时高良姜皮皱肉凸，表皮红棕色，质量好。

③切制。取高良姜原药材，拣除杂质，洗净后，按大小分档，润透，切成薄片，晒干。

高良姜是东南亚最受欢迎的咖喱的重要配料之一，也是熬制泰式冬阴功汤的必备调味料，徐闻主产地年平均出口量达7 000多吨。大部分高良姜被销往日本、新加坡、马来西亚以及部分中东、非洲、欧洲等国家和地区，用于制作祛风油、食用调料或者高档香水等。

④干制。为了将高良姜运往外地甚至外国，产地初加工干制技术尤为重要。高良姜采收干燥后，为了保证后续产品不霉变生虫，传统方法是通过熏硫后才进入市场售卖。随着对高良姜研究的深入和技术的进步，人们发现只需要将其水分含量低于特定值就可以，不必进行熏硫保存。同时，采用固形护色干燥技术，能够大幅度降低干制品皱缩率，

使水分低于特定值，而且可减少高良姜活性成分在干燥过程中的过度损失，其贮藏期可长达12个月，产品符合二等以上品质标准。该方法工艺简单，成本低廉，适合大规模推广，有效解决传统自然晾晒和熏硫技术所带来产品质量问题，对高品质高良姜干制品（图3-58）工业化生产和出口创汇有重要的推动作用。

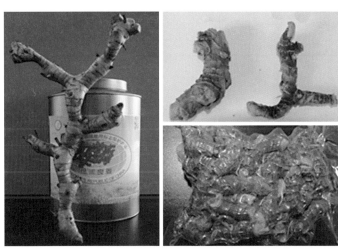

图3-58　高良姜干制品

　　⑤速溶茶固体颗粒和咀嚼片。现代医学研究表明，高良姜具有养脾温胃、镇痛、治疗腹泻等作用，通过现代先进的提取浓缩手段制得的高良姜富硒速溶茶（图3-59）能满足现代人们快节奏的生活需要，长期饮用此茶可改善体内微循环，提高免疫力。

　　通过选择极性提取分离技术富集高良姜中活性成分，复配后压制可制成高良姜咀嚼片（图5-60）。高良姜咀嚼片采用缓释技术，避免活性物质在消化过程中提前氧化分解。本品携带与食用方便，有助于温胃、养胃；对由幽门螺旋杆菌引起的十二指肠溃疡、胃溃疡、胃炎等具有一定的疗效。

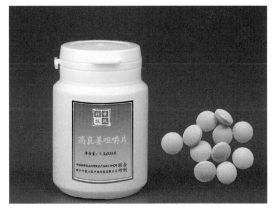

图3-59　高良姜富硒速溶茶　　　　　　　　　　图3-60　高良姜咀嚼片

　　⑥精油。作为"温里"药食两用资源，精油是高良姜的主要产品形态之一。通过对

高良姜精油原料、制作工艺的精确控制，使批次间的差异最小化，保证高良姜精油（图3-61）产品质量的稳定性。通过该技术制得的高良姜精油纯度高，香味浓郁，具有抗氧化、抗肿瘤、抗凝血、抗炎、抗菌等功能，在食品、日化、农业和医药等领域中具有广阔的应用前景。

图3-61　高良姜精油

　　⑦防蚊护肤品和抑菌剂。高良姜防蚊品是采用纳米包埋的高良姜功能性成分，辅助添加其他成分制备而成的（图3-62）。高良姜防蚊品可在皮肤表面缓慢释放，持续发挥作用，有抑菌、抗氧化、清除自由基、保湿、促进血液循环、改善皮肤微环境等综合功效，有助于皮肤消炎、止痛、消肿化瘀，适用于蚊虫叮咬和微生物感染引起的皮肤肿痛。

　　足癣俗称"香港脚"，在我国的发病率高达80%。由于足癣传染性强、复发率高，因此难以实现根治。目前主要采用带激素的药膏防治足癣，但激素摄取过多会影响人体健康，尚无天然的足癣治疗产品。高良姜精油是一种天然的抑菌剂，具有广谱抑菌效果，尤其对真菌有较强的抑制作用，通过研究发现，高良姜精油对真菌引起的手足癣疾病具有一定抑制作用，加工成的高良姜抑菌剂（图3-63）携带方便，适用于手足癣康复过程中的辅助治疗和真菌感染的防治。

图3-62　高良姜护肤霜

图3-63　高良姜制成的抑菌剂

3. 其他香料产品

除了上述名香和食用香料外，还有其他有名的热带香料产品。这些香料多以精油形态出现，由植物的花、叶、茎、根、果实，或者树木的叶、木质、树皮和树根中提取出易挥发芳香组分的混合物。近年来，美国、日本、韩国等国家对天然香料提取技术的研究已经相当成熟，对其应用研究也很活跃；而目前我国的研究还大多集中在对天然香料提取方面，缺乏对深加工技术与高附加值产品方案的研究。因此，全面了解植物性天然香料的特性和研制相关新型产品，对我国香料香精行业的发展具有深远的现实意义。

（1）茶树精油。

①茶树精油。茶树精油（图3-64）是从桃金娘科互叶白千层的枝叶中提取精制的、以萜烯化合物为主的纯天然植物提取物，具有广谱抗菌、消炎、驱虫杀螨等作用。自1996年国际上首次发布茶树精油国际标准后，茶树精油被广泛应用于医药、化妆品和食品等行业。2003年我国卫生部批准茶树精油可作为食品添加剂。

图3-64 茶树精油

②精油提取关键技术与装备。茶树精油是以热带芳香类植物互叶白千层为原料，采用水蒸气进行蒸馏，得到的一种呈无色透明或淡黄色、有特殊气味的液体，因其最早在澳大利亚发现和应用，又被称为"澳大利亚液体黄金"。

正所谓"工欲善其事，必先利其器"，近年来通过技术攻关，我国在茶树精油的提取加工厂房设计（图3-65）、提取装备（图3-66）和提取工艺上有了新的突破。提取罐的装料容积为3立方米，比旧工艺时期提高了近1倍，批次处理物料可达550千克，提取时间为1.5 ~ 2.5小时，茶树精油的得率为1.2% ~ 1.4%（以湿含量计，W/W），茶树精油的各项指标符合国际标准ISO 4790—2004，其中重要指标成分1,8-桉叶素的含量低于3.0%，松油烯-4-醇的含量大于35%。

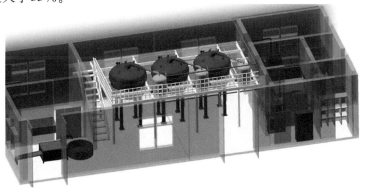

图3-65 茶树精油提取加工厂房设计

③茶树油液体创伤贴。传统创伤贴防水性能弱，贴合性能差，在关节处使用妨碍人体活动。根据茶树精油广谱抗菌消炎的特点，结合快速成膜缓慢释药技术，茶树油液体创伤贴（图3-67）应时而生。本产品具有消炎、杀菌、有效防止伤疤的形成、成膜速度快、不影响活动、精油纯度高、携带方便等特点。

图3-66　茶树精油提取装备

图3-67　茶树油液体创伤贴

图3-68　茶树精油天丝面膜

④茶树精油天丝面膜。采用特殊纤维素基布保水技术，将天然茶树精油纯露制成茶树精油天丝面膜（图3-68），产品天然、健康、有效。丰富的茶树精油精华，能够滋养肌肤、补水保湿、平衡肤色。持续使用可改善皮肤炎症、痤疮等。

⑤茶树精油纯露漱口水。通过提取纯化和品质控制得到天然茶树精油纯露，再通过精油纯露自微乳化工艺，形成的长效稳定缓释微乳，即为茶树精油纯露漱口水。

使用茶树精油纯露漱口水时，通过漱口运动提供破乳所需的搅动和能量，漱口水分散形成的微小乳滴，具有较大的表面积，提高茶树精油纯露与口腔表面皮肤的接触概率，有利于口腔卫生保健。通过科学配比添加其他口腔保健功能性精华成分，形成系列漱口水产品（茶树精油纯露成分检测图见图3-69，茶树精油纯露系列漱口水见图6-70）。茶树精油纯露主要成分与作用见表3-3。

表3-3　茶树精油纯露主要成分与作用

峰号	含量/%	名　称	作　用
1	0.46	1,8-桉叶素	药草型香精。临床具有解热、消炎、抗菌、防腐、平喘及镇痛作用。本品具有强促渗作用，可有助于其他成分进入皮肤内层
2	80.01	松油烯-4-醇	泥木清香味。具有抗金黄色葡萄球菌、大肠杆菌、白色念珠菌等作用
3	8.36	α-松油醇	丁香味。具有抗金黄色葡萄球菌、大肠杆菌等作用

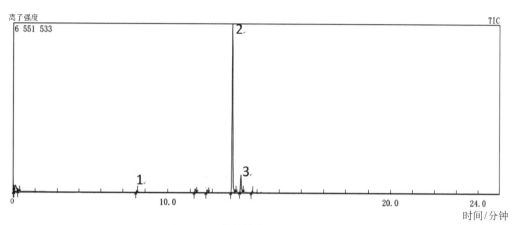

图 3-69　茶树精油纯露成分检测图

1.1,8-桉叶素　2.松油烯-4-醇　3.α-松油醇

图 3-70　茶树精油纯露系列漱口水

⑥保鲜剂。果蔬采后和贮运过程中的保鲜问题一直是农产品加工产业中的一项普遍存在而又难以解决的问题，传统的保鲜手段主要依赖化学杀虫剂和杀菌剂的使用。随着社会的发展及进步、消费者对初加工果蔬产品食用品质的重视和有机食品的日益普及，化学添加剂的安全问题及化学添加剂对环境的潜在危害受到人们越来越多的关注。

植物精油是从多种植物组织中提取而来的一种典型的挥发性物质，它可以成为植物本身的一种病原防御系统，用于制作生物保鲜剂，以适应现代社会的需求。茶树精油具有良好的广谱杀菌抑菌保健作用，并有宜人的肉蔻香气，是公认优良的天然芳香剂、抗菌剂、防腐剂，可将其制作成为茶树精油保鲜剂（图3-71）。

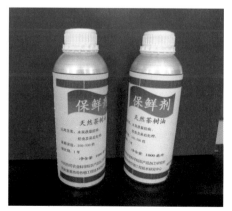

图 3-71　含茶树精油的保鲜剂

（2）玫瑰。

①玫瑰精油。玫瑰精油是世界上最昂贵的精油，被称为"精油之后"，其产量极低，5吨的新鲜花朵才能提炼出大约900克的精油。玫瑰精油有助于调整女性内分泌，缓解痛经，改善更年期不适，促进黑色素分解，改善皮肤状况，具有很好的美容护肤作用。

②玫瑰速溶茶。玫瑰性甘、微苦，气香性温。含有少量挥发油、黄酮、鞣质、没食子酸、色素等成分。具有利气行血、治风痹、散疲止痛的功效，可用作女性日常饮品，调理身体。通过浸提玫瑰鲜花，采用温度控制萃取浓缩与低温薄膜干燥工艺浓缩相结合工艺，可制成玫瑰速溶茶（图3-72），长期饮用此茶可起到补血养气、滋养容颜的作用。

③玫瑰纯露护肤品。玫瑰纯露是在玫瑰精油提炼过程中分离出来的副产物，透明无色，成分天然纯净，含有大量的鲜花挥发性芳香成分，香味清淡怡人。对中性皮肤，可增强皮肤光泽；对油性皮肤，可平衡油脂分泌；对干燥皮肤，可迅速补充水分；对敏感性皮肤，可消除红血丝，降低敏感度；对灰黄暗淡皮肤，可增强皮肤活力。几乎所有肤质的人都可以使用玫瑰纯露。将玫瑰纯露应用至面膜（图3-73）、护肤水（图3-74）、精华（图3-75）等护肤产品中，扩展了玫瑰纯露产品线。

图3-72　玫瑰速溶茶

图3-73　玫瑰纯露面膜

图3-74　玫瑰纯露护肤水

图3-75　玫瑰纯露精华

（三）热带特色资源

1. 辣木

辣木作为新型热带特色资源，近年来发展迅速，加工技术和产品日新月异。前面章节已介绍许多新型的辣木加工技术，这里不再一一赘述，仅对部分辣木加工新产品进行展示。

（1）**功能性食品。**

①辣木精粹。辣木精粹（图3-76），即辣木速溶茶饮料，能辅助降"三高"，有助于增强免疫力，改善胃肠道，促进睡眠。辣木精粹茶汤色泽透亮，香气独特，口感上乘，遇水即溶，冲饮携带方便，符合现代人健康、高效的生活方式。

图3-76　辣木精粹

②辣木叶压片。辣木叶压片（3-77）外观光滑、不黏粉，并且口感适宜，无明显颗粒感，可直接咀嚼食用。本产品富含蛋白质、维生素、矿物质等，可用作营养补充剂，具有增强免疫力、辅助降"三高"、促进睡眠等功效。

③辣木保健酒。辣木保健酒（图3-78）色泽澄清，对降血糖、降血脂、降血压、抗氧化、通便、利尿、解毒护肝、改善睡眠等有很好的效果。

（2）**休闲食品。**

①饼干糕点。根据辣木的营养特点，人们研制出了辣木饼干（图3-79）和辣木糕等产品。此类产品含有丰富的营养物质，包括微量元素、维生素、膳食纤维、植物蛋白等，而且可根据不同消费人群进行配方调整。

②辣木软糖。辣木软糖（图3-80）富含微量元素、维生素、氨基酸等营养物质，可补充人体所需营养，弹性十足，咀嚼性良好，酸甜可口。

图3-77　辣木叶压片

图3-78　辣木保健酒

图3-79　辣木饼干

图3-80　辣木软糖

（3）主食化产品。

①面条、丸子。以辣木精粉作为食品添加剂，通过控制精粉品质、添加比例、辅料配伍等，进行辣木系列主食化产品［如辣木肉丸（图3-81）、辣木虾丸、辣木面条（图3-82）等］加工。传统主食化产品添加辣木精粉后，不但口感依旧，还能提高产品的营养价值。

图3-81　辣木肉丸

图3-82　辣木面条

②辣木腌制菜。新鲜辣木叶通过微发酵技术，特制出风味独特的辣木腌制菜（图3-83），成为美味的佐餐食品。本产品富含人体所需的蛋白质、维生素、矿物质、膳食纤

维等，营养丰富，风味独特。发酵过程使辣木叶中的钙、铁等微量元素有效转化为有机态，更利于人体吸收。该项技术不仅增加了产品的营养价值，而且有效地解决了新鲜辣木叶易腐烂、难储存问题。

（4）**护肤品和化妆品。**采用超临界和亚临界等现代萃取技术提取辣木籽油（图3-84），其中的不饱和脂肪酸含量大于80%，将其作为化妆品用油添加到护肤品中，并辅以辣木叶萃取物（其维生素C含量达4%，黄酮含量高达8%），研制出辣木系列护肤美容产品（辣木面膜见图3-85，辣木籽油口红见图3-86），护肤产品可使皮肤润透

图3-83 辣木腌制菜

亮滑、提升紧致，具有保湿补水、美白、抗氧化、抗衰老等功效，产品天然、健康、有效。

图3-84 辣木籽油

图3-85 辣木面膜

图3-86 辣木籽油口红

2. 薏米

薏米，也被称为薏苡仁，为禾本科植物薏苡的干燥成熟种仁，是一种传统的药食两用谷物。其营养丰富，含有蛋白质、多糖、维生素等多种有益成分，被誉为"世界禾本科植物之王""生命健康之禾"，在日本还被列为防癌食品，在医药、食品、化妆品等领域有着广泛的应用。

目前我国薏米加工业尚处于初级阶段，产品以谷物原料的形式为主，产品结构单一，科技含量低，产业附加值低。近年来随着关键加工技术的攻关，科研人员已研发出固体饮料、米糊、奶茶、罐头、面条、饼干、面膜、护手霜、保湿凝露、唇膏等薏米系列产品（图3-87），加快了薏米的主食化利用进程及精深加工产业的形成。

图3-87　薏米系列产品

（1）**饮料产品**。薏米固体饮料（图3-88）是将薏米中的多糖、氨基酸等活性成分提取出来，同时保留薏米的风味和营养成分，结合经典配伍，与茯苓、芡实复配可制成祛湿速溶茶，与红枣等复配可制成养颜速溶茶，与菊花等复配可制成清火速溶茶。该类产品体积小，方便携带。

将薏米提取物分别与咖啡、紫薯、玄米等复配，制成具有祛湿、提神、养胃、养颜等功效的薏米咖啡奶茶、薏米紫薯奶茶和薏米玄米奶茶（薏米奶茶饮料见图3-89），该类产品口感独特而淳厚。

（2）**方便食品**。根据薏米容易被消化吸收的特点，以及具有美容养颜、祛湿的传统功效，可将其与山药等复配开发祛湿营养米糊，与红枣、红豆等复配开发养颜米糊，与糙米等复配开发养胃米糊。薏米米粉（图3-90）是良好的营养代餐食品。

采用高压蒸煮方式控制熟化程度，使薏米不爆粒，与燕麦复配，可开发薏米罐头（图3-91），该产品具有方便食用的特点和辅助降血压等功效。

（3）**主食化产品**。将薏米研磨成平均粒径为50微米的细粉，将该全粉充分应用于面

图3-88　薏米固体饮料

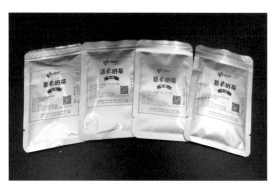

图3-89　薏米奶茶饮料

图3-90　薏米米粉

图3-91　薏米罐头

条、馒头、饼干等主食产品和休闲食品中，可充分发挥薏米的保健功效，改善地区饮食结构（薏米面条见图3-92，薏米饼干见图3-93）。

图3-92　薏米面条

图3-93　薏米饼干

（4）日化产品。薏米是极佳的美容食材，具有治疣平痘、淡斑美白、润肤、除皱等美容养颜功效。化妆品中主要采用薏米油，将其与其他天然活性成分进行复配，因其含有大量不饱和脂肪酸，具有较好的抗氧化作用，可以使肌肤柔软、滋润，延缓衰老（薏米油面膜见图3-94，薏米油润唇膏见图3-95）。

图3-94　薏米油面膜

图3-95　薏米油润唇膏

四、长知识啦：
关于食品加工的小常识

（一）生鲜食品与食品加工

1. 对生鲜食品的认知误区

公众大都认为食品越新鲜越好，其实不是所有食品都如此。

例如茶叶，新鲜茶叶含有大量的多酚类物质、醇类物质、醛类物质，易使人体出现腹泻、腹胀等症状。经过深加工，上述物质被氧化发酵后进入人体，才能起到降低心脑血管发病率、降低胆固醇和血压、预防早老性痴呆、抗压力、抗焦虑、提高免疫力、消除疲劳、提神、消食、减肥瘦身等功效。

有的果蔬鲜品，购置回来及时食用口味不错，若不及时食用，会出现营养下降、细菌超标、变质腐烂等各种问题，而通过深加工，不仅可以保持其原有的营养价值，甚至还能创造新的，鲜食不具备的应用价值。

2. 什么叫食品加工

鲜品，又称为生鲜食品。较有代表性的是新鲜的果蔬、肉类和水产品。这类商品基本只做必要的保鲜和简单整理就可上架出售，未经任何深加工，保质期较短。

食品加工，就是把可食用的物品或原料通过某些人为处理的程序，制造成更好吃的产品或者给食品带来更有益变化的过程。通过食品加工所得产品保质期较鲜品明显增长。

3. 对食品加工的认知误区

误区一：纯天然食品最安全

食品安全事件是近年社会关注的焦点。很多人认为纯天然食品没有经过加工处理，也没有添加食品添加剂，最为安全。然而，从科学的角度来看，绝对安全的食品是不存在的。

食品是否安全，并不能以是否是纯天然的进行判断。即使是纯天然的食品，也会因为其来源地、生长环境、运输、制作、贮藏与保鲜等环节影响，产生食品安全风险。实际上，许多纯天然物质不可直接食用，需要经过加工才能成为卫生、安全的食品。

在食品加工生产过程中，只要保证生产过程和环节符合相关规定，食品添加剂严格按用量标准使用，所制得的加工食品的安全性并不低于纯天然食品。

对于消费者而言，食品的零风险难以实现，只能通过保证膳食结构科学化，选择正规生产厂家的产品，确保食用安全。

误区二：近年的社会热点食品安全事件与添加剂相关

"苏丹红""三聚氰胺""孔雀石绿"等食品安全事件的发生，再经过某些媒体的不专业宣传，让公众误解食品安全事件必然和化学食品添加剂有关，老百姓抵制化学食品添加剂的呼声高涨。其实这混淆了化学食品添加剂与化工原料的概念，二者有着本质的区别。化工原料≠食品添加剂（图4-1），食品安全事件的发生与食品添加剂并没有必然联系。

（✗）　　　　　　　　　　　（✓）

图4-1　化工原料≠食品添加剂（王佩 画）

误区三：保健食品都是忽悠的

近年来，由于一些不法商家使用非法营销虚假宣传或夸大产品功效等欺诈手段进行推销，使得保健食品给大众留下了不良的印象。其实，保健食品仅适宜特定人群食用，仅具有调节人体生理功能作用，并不能治疗疾病。虽可有效预防某些疾病，但并不能代替药物，购买时需要认清保健品批号。若患有疾病，需要到正规医院进行诊疗，在医生指导下，进行规范治疗。

（二）认识食品添加剂

1. 食品添加剂是什么

世界卫生组织（WHO）对食品添加剂的定义是，人为有意识地一般以少量（安全剂量范围）添加于食品，以改善食品的外观、风味和组织结构或贮存性质的非营养物质。

2. 食品添加剂的特征

食品添加剂具有以下3个特征：

①食品添加剂是加到食品中的物质，因此它一般不单独作为食品来食用。

②食品添加剂既包括人工合成物质，也包括天然物质。

③食品添加剂加到食品中的目的是为了改善食品品质和色、香、味，以及为了防腐、保鲜和加工工艺的需要。

3. 食品添加剂的认识误区

误区一：非法添加物＝食品添加剂

公众对食品添加剂有误解，，这是由于大家混淆了食品添加剂和非法添加物的概念。三聚氰胺、苏丹红、孔雀石绿等热点事件，引发了人们对于食品安全的恐慌。其实，这些物质都不是批准使用的食品添加剂，而是非法添加物（图4-2）。

图4-2　害人的是非法添加物（王佩 画）

对食品添加剂的正确认识应该是这样的：

①食品添加剂是安全可食用的，非法添加如物是有害的。

②食品添加剂在食品生产加工过程中发挥的是有益作用。

③食品添加剂的用量必须在安全范围内，超过用量是不允许的。

④我国实行食品添加剂允许名单制度，只有列入名单的才是合法的食品添加剂。按照规定，现在我国允许使用的食品添加剂约有2 300种，分为23个功能类别。所谓非法添加物，并不在批准使用的规定范围内。

因此，非法添加物≠食品添加剂。

需要严厉打击食品加工中的违法添加及过量使用的行为。由于有些食品添加剂存在一些问题（如来源不明或者不正当，以及滥用），迫切需要规范食品添加剂的生产和使用。

公众对食品添加剂无须过度恐慌，随着国家相关标准的陆续出台，食品添加剂的生产和使用必将更加规范。同时公众应该加强自我保护意识，多了解食品安全相关知识，远离颜色过艳、味道过浓、口感异常的食品。

误区二：食品添加剂不是必需的

食品添加剂在生产加工过程中发挥着重要的功能和作用，食品添加剂极大地促进了食品工业的发展，并被誉为"现代食品工业的灵魂"，没有食品添加剂就没有现代食品工业，公众应正确认识食品添加剂（图4-3）。

图4-3　正确认识食品添加剂（王佩 画）

食品添加剂给食品工业带来了许多好处，其主要作用大致如下：

①防止变质。防腐剂是最常见的食品添加剂之一，它可以防止由微生物引起的食品腐败变质，延长食品的保存期，同时还能防止由微生物污染引起的食物中毒。抗氧化剂则可阻止或推迟食品的氧化变质，以提供食品的稳定性和耐保藏性，同时也可防止可能有害的油脂氧化物质的形成。此外，抗氧化剂还可用来防止水果、蔬菜等的酶促褐变与非酶褐变，对生鲜食物贮藏具有积极的意义。

②改善感官。适当使用着色剂、护色剂、漂白剂、食用香料、乳化剂、增稠剂等食品添加剂，可以明显地提高食品的感官质量，满足人们的不同需要。例如在日常的饮料

饮品中，通常会加入乳化剂类食品添加剂，可避免饮品分层，提高其感官质量。

③保持营养。在食品加工时严格按照规定范围，适当地添加营养强化剂，可以极大地提高食品的营养价值，例如在配方奶粉中根据需求按照法定标准添加DHA、胡萝卜素、铁、钙、镁、锌等营养强化剂，这对防止婴儿营养不良和营养缺乏、促进营养平衡、提高婴儿健康水平具有重要意义。

④方便供应。在加工过程中，还可能使用消泡剂、助滤剂、稳定剂和凝固剂等。例如，使用葡萄糖酸δ内酯作为豆腐凝固剂，有利于豆腐生产的机械化和自动化。

⑤其他特殊需要。为尽可能满足不同人群的需求，食品添加剂在食品工业中扮演着重要的角色。例如糖尿病患者需低糖饮食，但为了满足这些特殊人群对甜味的喜爱，在针对此类消费人群的食品加工中，常使用无营养型甜味剂或低热能型甜味剂，例如可用三氯蔗糖、甜叶菊糖等制成无糖食品，这类添加剂既不会提高糖尿病患者的血糖含量，又能满足他们的饮食需求。

因此，在食品加工过程中，食品添加剂的使用是必需的。

食品添加剂是食品工业研发中最活跃、发展及技术提高最快的物质之一，许多食品添加剂在纯度、使用功效方面发展很快，许多大型加工企业时刻注意食品添加剂行业发展新动向，不断提高产品加工中食品添加剂的使用水平。

误区三：天然添加剂比人工合成的添加剂好

公众大都认为天然的食品添加剂比人工化学合成的添加剂好，认为天然的东西更安全。目前检测手段尚不能做出最全面的判断，但就已检测出的结果比较，天然食品添加剂并不一定比人工合成的添加剂好，这是因为：①由于天然食品添加剂成本一般较高，产生同样效果的产品价格更昂贵。②因某些噱头而使用天然食品添加剂，为达到某种效果可能会超量加入，而使用天然食品添加剂同样要按规定严格控制其合理用量，超量使用都会造成安全风险。

（三）认识促进健康类食品

1.促进健康类食品是什么

促进健康类食品，是指声称具有特定促进健康的功能或者以补充维生素、矿物质为目的的食品，即适宜于特定人群食用，具有调节人体生理功能，不以治疗疾病为目的，已经有关研究证实可以有效预防疾病，并且对人体不产生任何急性、亚急性或者慢性危害的食品。

2.促进健康类食品与药品的区别

促进健康类食品不能以治疗为目的，但可以声称具有促进健康的功能，不能有任何毒性，可以长期食用；而药品应当有明确的治疗目的，并有确定的适应证和功能主治，

可能会有不良反应，有规定的食用期限。

3. 促进健康类食品的要求

①经必要的动物和人群功能试验，证明其具有明确、稳定的促进健康的作用。

②各种原料及产品必须符合食品卫生要求，对人体不产生任何急性、亚急性或慢性危害。

③配方组成及用量必须具有科学依据，具有明确的功效成分。如果在现有技术条件下不能明确功效成分，应确定与促进健康类功能有关的主要原料名称。

④促进健康类食品的标签、说明书及广告不得宣传疗效作用。

4. 促进健康类食品标签和说明书

促进健康类食品标签和说明书必须符合国家有关标准和要求，并标明下列内容：

①促进健康类作用和适宜人群。

②食用方式和适宜的食用量。

③贮藏方式。

④功效成分名称及含量。在现有技术条件下，不能明确功效成分的，则必须标明与其功能有关的原料名称。

⑤促进健康类食品（保健食品）批准文号。

⑥促进健康类食品（保健食品）标志。

⑦有关标准或要求所规定的其他标签内容。

5. 药食两用食品

药食两用食品指的是既是药品又是食品的物品。卫生部卫法监发〔2002〕51号关于进一步规范保健食品原料管理的通知，规定了《既是食品又是药品的物品名单》（在2014年和2018年分别有增补）、《可用于保健食品的物品名单》和《保健食品禁用物品名单》。

（1）**既是食品又是药品的物品名单**（2002）。（按笔画顺序排列）

丁香、八角茴香、刀豆、小茴香、小蓟、山药、山楂、马齿苋、乌梢蛇、乌梅、木瓜、火麻仁、代代花、玉竹、甘草、白芷、白果、白扁豆、白扁豆花、龙眼肉（桂圆）、决明子、百合、肉豆蔻、肉桂、余甘子、佛手、杏仁（甜、苦）、沙棘、牡蛎、芡实、花椒、赤小豆、阿胶、鸡内金、麦芽、昆布、枣（大枣、酸枣、黑枣）、罗汉果、郁李仁、金银花、青果、鱼腥草、姜（生姜、干姜）、枳椇子、枸杞子、栀子、砂仁、胖大海、茯苓、香橼、香薷、桃仁、桑叶、桑葚、橘红、桔梗、益智仁、荷叶、莱菔子、莲子、高良姜、淡竹叶、淡豆豉、菊花、菊苣、黄芥子、黄精、紫苏、紫苏籽、葛根、黑芝麻、黑胡椒、槐米、槐花、蒲公英、蜂蜜、榧子、酸枣仁、鲜白茅根、鲜芦根、蝮蛇、橘皮、薄荷、薏米、薤白、覆盆子、藿香。

新增名单（2014）：在限定使用范围和剂量内作为药食两用。

人参、山银花、芫荽、玫瑰花、松花粉、粉葛、布渣叶、夏枯草、当归、山柰、西红花、草果、姜黄、荜茇。

新增名单（2018）：在限定使用范围和剂量内作为药食两用。

党参、肉苁蓉、铁皮石斛、西洋参、黄芪、灵芝、天麻、山茱萸、杜仲叶。

（2）可用于保健食品的物品名单（2002）。（按笔画顺序排列）

人参、人参叶、人参果、三七、土茯苓、大蓟、女贞子、山茱萸、川牛膝、川贝母、川芎、马鹿胎、马鹿茸、马鹿骨、丹参、五加皮、五味子、升麻、天门冬、天麻、太子参、巴戟天、木香、木贼、牛蒡子、牛蒡根、车前子、车前草、北沙参、平贝母、玄参、生地黄、生何首乌、白及、白术、白芍、白豆蔻、石决明、石斛（需提供可使用证明）、地骨皮、当归、竹茹、红花、红景天、西洋参、吴茱萸、怀牛膝、杜仲、杜仲叶、沙苑子、牡丹皮、芦荟、苍术、补骨脂、诃子、赤芍、远志、麦冬、龟甲、佩兰、侧柏叶、制大黄、制何首乌、刺五加、刺玫果、泽兰、泽泻、玫瑰花、玫瑰茄、知母、罗布麻、苦丁茶、金荞麦、金樱子、青皮、厚朴、厚朴花、姜黄、枳壳、枳实、柏子仁、珍珠、绞股蓝、葫芦巴、茜草、荜茇、韭菜子、首乌藤、香附、骨碎补、党参、桑白皮、桑枝、浙贝母、益母草、积雪草、淫羊藿、菟丝子、野菊花、银杏叶、黄芪、湖北贝母、番泻叶、蛤蚧、越橘、槐实、蒲黄、蒺藜、蜂胶、酸角、墨旱莲、熟大黄、熟地黄、鳖甲。

（3）保健食品禁用物品名单（2002）。（按笔画顺序排列）

八角莲、八里麻、千金子、土青木香、山莨菪、川乌、广防己、马桑叶、马钱子、六角莲、天仙子、巴豆、水银、长春花、甘遂、生天南星、生半夏、生白附子、生狼毒、白降丹、石蒜、关木通、农吉痢、夹竹桃、朱砂、米壳（罂粟壳）、红升丹、红豆杉、红茴香、红粉、羊角拗、羊踯躅、丽江山慈姑、京大戟、昆明山海棠、河豚、闹羊花、青娘虫、鱼藤、洋地黄、洋金花、牵牛子、砒石（白砒、红砒、砒霜）、草乌、香加皮（杠柳皮）、骆驼蓬、鬼臼、莽草、铁棒槌、铃兰、雪上一枝蒿、黄花夹竹桃、斑蝥、硫黄、雄黄、雷公藤、颠茄、藜芦、蟾酥。

图书在版编目（CIP）数据

带你认识热带农产品加工：有用的趣味科普知识/周
伟，袁源主编. —北京：中国农业出版社，2020.10
ISBN 978-7-109-27174-6

Ⅰ.①带… Ⅱ.①周… ②袁… Ⅲ.①热带作物-农
产品加工-普及读物 Ⅳ.①S37-49

中国版本图书馆CIP数据核字（2020）第144296号

带你认识热带农产品加工：有用的趣味科普知识
DAI NI RENSHI REDAI NONGCHANPIN JIAGONG：
YOUYONG DE QUWEI KEPU ZHISHI

中国农业出版社出版
地址：北京市朝阳区麦子店街18号楼
邮编：100125
责任编辑：黄 曦 文字编辑：徐志平
版式设计：杜 然 责任校对：刘丽香
印刷：中农印务有限公司
版次：2020年10月第1版
印次：2020年10月北京第1次印刷
发行：新华书店北京发行所
开本：787mm×1092mm 1/16
印张：9
字数：220千字
定价：58.00元